华为 MatePad
天生会画
从入门到精通

喵喵老师 著

当年粉黛 何處笙簫

化学工业出版社
·北京·

内容简介

本书是华为"天生会画"软件的基础操作入门书，细致、全面地分享了用"天生会画"进行绘画创作的技巧。

本书内容分为三大板块：硬件选择、操作步骤、实例教学。操作步骤板块详细地介绍基础操作、进阶操作（如调色、色阶），以及提升效率的窍门（如各种快捷指令、隐藏指令、笔刷制作等）。前两个板块的内容以截图和手势拍照的方式进行展示，不注重绘画风格；最后一个实例教学板块，选用的作品风格大众化，应用范围广泛。

本书适合"天生会画"零基础入门者、绘画爱好者、画师阅读。

图书在版编目（CIP）数据

华为MatePad天生会画从入门到精通 / 喵喵老师著 .
北京 ： 化学工业出版社，2025. 4. -- ISBN 978-7-122
-47374-5

Ⅰ. TP391.413-49

中国国家版本馆CIP数据核字第 2025CD3026 号

责任编辑：刘晓婷 　　　　　　　　　　　　责任校对：王　静

出版发行：化学工业出版社（北京市东城区青年湖南街13号　邮政编码100011）
印　　装：北京宝隆世纪印刷有限公司
787mm×1092mm　1/16　印张9　字数200千字　2025年5月北京第1版第1次印刷
购书咨询：010-64518888　　　　　　　　　售后服务：010-64518899
网　　址：http://www.cip.com.cn

凡购买本书，如有缺损质量问题，本社销售中心负责调换。

定　　价：69.00元
　　　　　　　　　　　　　　　　　　　　　　版权所有　违者必究

前 言

　　"天生会画"是基于华为鸿蒙系统运行的强大绘图应用软件。用户能通过简单易懂的操作系统进行填色、勾线以及国风绘画等绘画创作，跟市面上其他软件相比有明显优势。

　　本书从认识硬件工具开始，介绍其与传统绘画的区别；然后介绍"天生会画"的基础界面，让初学者从界面开始认识软件；再通过介绍"天生会画"中图层的功能、色板的作用、手势的控制等软件基础知识，让读者熟练掌握绘图的手法；接着进一步讲解进阶技能，以高效、快速的操作达到想要的画面效果；最后用详细的案例分析，以中国风作品为主，确保初学者能快速掌握本书中各种插画案例的创作方法。

　　本书包含笔者总结出的快速学习"天生会画"的方法，相信通过对本书操作的学习，初学者可以顺利从新手进阶到达人，能够熟练地运用"天生会画"创作出属于自己的插画！

目　录

第三章　掌握"天生会画"的基础操作

第五章　挑战用"天生会画"绘制国风作品

第一章

了解MatePad绘画

新手在学习画画的时候，常常被工具、材料、技法等限制，以至于不能快速入门。使用MatePad进行绘画更加方便快捷，大大降低了学习绘画的时间、空间、经济等各项成本，新手更易入门。

1.1 MatePad 绘画的优势

使用MatePad绘画比较方便，且相关软件的功能比较全面，除了可以画出各种类型的绘画作品外，还能提高设计、绘画等工作的效率。

1.1.1 MatePad 绘画的各项成本更低

MatePad体积小、配件简单便携，大大降低了绘画的时间、空间成本和经济成本。

相较于传统绘画工具的优势

MatePad尺寸小，易携带，不仅可以在家自由移动，也能带去户外写生。因此画师用它可以走到哪里画到哪里，不会受场地的限制。

传统绘画需要繁杂的工具与材料，绘画成本高，画材消耗也很快。传统绘画还要受场所的限制，并且在绘画前需要经过长期的控笔训练等。MatePad绘画上手快，不受场所的限制，修改起来也非常方便。

相较于传统手绘板的优势

MatePad直接在屏幕上绘制，配件简单。传统手绘板配件复杂，并且只能眼看屏幕手在手绘板上摸索位置，会有手眼不同步的问题。而且传统手绘板需要额外学习Photoshop这个软件，大大增加了绘画难度。

1.1.2 MatePad 更适合绘画新手

相较于传统绘画工具和更加专业的设计生产工具，MatePad内置功能丰富，操作简单。

轻松的绘图手势

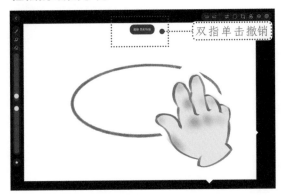

MatePad有丰富的手势，绘画修改便捷，双指单击即可撤销画错的部分，绘画时更加大胆。

MatePad绘画可以借助工具画出更加流畅的线条、更加规整的图形，新手小白也可以画出漂亮的作品。

更简单的笔刷和色卡

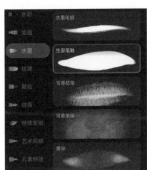 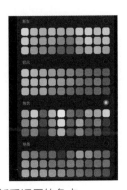

MatePad专业绘画笔刷和新手适用的色卡。

1.1.3 MatePad 绘画的大众化

华为的电子设备在国内普及率非常高，兼容性强、价格亲民，更加大众化。

兼容性

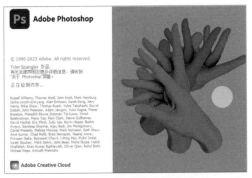

MatePad的绘画软件兼容性非常强，可以和Adobe公司的Photoshop等软件交替使用，大大提高了生产效率。

价格亲民

相比传统国外绘画软件，本土华为平板由于价格亲民，普及性更高，软件的升级研发也很迅速，用户的操作问题可以得到更快的反馈。

1.2 平板绘画的设备选择

使用华为平板绘画的必备工具就是华为MatePad和配套的M-Pencil，除了这些必备工具外，市面上也出现了一些辅助的配件，读者可以根据情况自行选择。

1.2.1 不同型号的 MatePad 和 M-Pencil

市面上的MatePad机型较多，价格差异较大；M-Pencil则有三种版本，读者可以根据自己的经济情况选择合适的产品，以下是"天生会画"支持的机型。

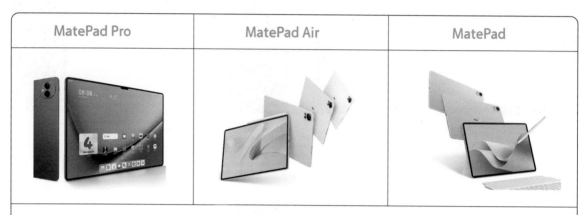

MatePad Pro	MatePad Air	MatePad

"天生会画"支持的机型较多，且在不断升级研发之中，在购买前可以在官网详细查看对应的机型。需要注意的是，MatePad Pro支持的型号最多且功能最全面。例如MatePad 12.2英寸上市即支持悬浮泼洒笔刷、流体笔刷、AI人像练习等特色功能，而如购买其他机型，需实时查看其是否支持上述特色功能。

M-Pencil 第一代

第一代M-Pencil在使用的机型上有一些限制，需配充电器使用，可以在官网上查询能使用的型号。其笔形为圆柱形笔身。

M-Pencil 第二代

第二代M-Pencil支持磁吸充电，笔身有棱角，更易抓握。二代的支持的机型较多，可以在官网中查询具体的型号，其连接方式为蓝牙连接。

M-Pencil 第三代

第三代M-Pencil为目前最新产品，支持磁吸充电，笔身相对二代棱角更明显，且支持星闪连接，延迟更低。

1.2.2 辅助配件

除了必不可少的MatePad和M-Pencil外，我们还可以购买一些配件来辅助绘画。

保护类配件

画画低头时间太长容易导致肩颈劳损，可以购买升降支架来辅助我们绘画，将其调节至合适的高度。

星跃键盘可以让MatePad有台式电脑般的使用感，在打字时非常方便，还可以使用一些快捷键辅助绘画，如复制粘贴快捷键等。

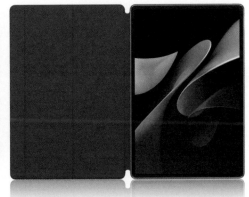

保护套除了可以保护屏幕，还可以充当支架，并且支持翻盖唤醒等功能。

绘画耗材配件

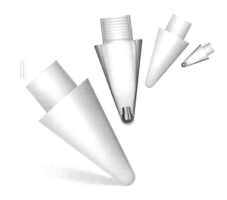

目前市面上的"平替"笔尖很多，价格也不高。读者也可以在官网购买原装的笔尖。

1.3 "天生会画"软件简介

"天生会画"是华为主推的绘画软件，它不光免费，而且简单易操作，功能强大。下面介绍该软件独特的功能与体验，并且详细讲解下载与安装步骤。

1.3.1 "天生会画"软件的特点

"天生会画"吸取了以往传统绘画软件的特点、取长补短，结合中国风特色，操作更加简单、独特。

独特的界面外观设计

相比传统制图软件，"天生会画"界面外观简单清晰、操作更简单，对新手更加友好。

独特的自带功能

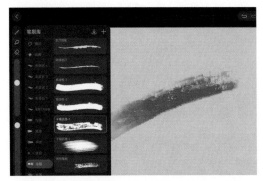
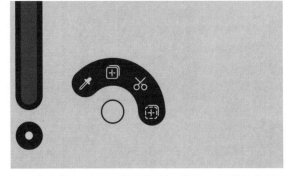

独有的内置国风笔刷。联合中国美术学院研发了水墨、油画等特色质感笔刷。

独有的工具环，整合复制、剪切、粘贴等常用功能。

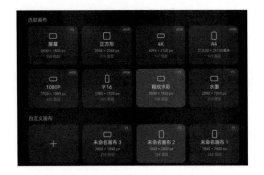

独特的原创国风画布，质感丰富又逼真。

自带"练习"图和绘图步骤，让新手更快入门。

1.3.2 M-Pencil 的使用技巧

M-Pencil自带双击切换等功能，事先了解使用技巧，新手更易上手哟！

M-Pencil 功能

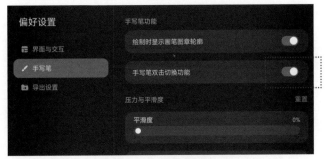

双击笔侧可以支持切换橡皮擦、显示调色板、关闭等功能。

三代M-Pencil支持星闪连接，延迟更低。

偏好设置

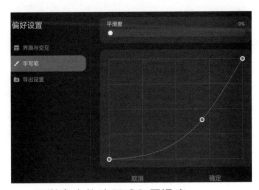

可以自由修改压感和平滑度。

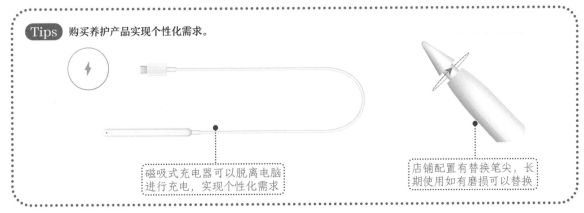

Tips 购买养护产品实现个性化需求。

磁吸式充电器可以脱离电脑进行充电，实现个性化需求

店铺配置有替换笔尖，长期使用如有磨损可以替换

1.3.3 资源中心

"天生会画"自带资源中心，用户可直接在资源中心下载最新的官方素材。

用户可以在作品页面找到资源中心，打开资源中心查看更新的素材内容。华为官方更新的各类纸纹和笔刷质感逼真，还有独特的国风类素材。

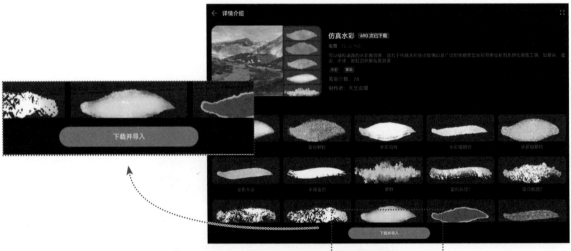

找到对应的素材内容，点击下载并导入，即可进行使用。

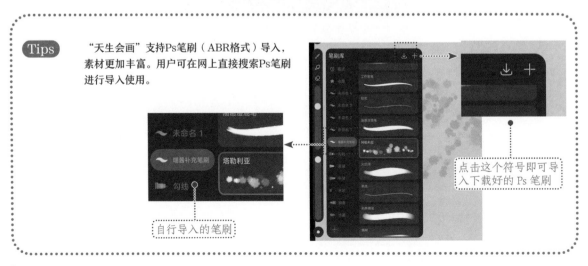

Tips "天生会画"支持Ps笔刷（ABR格式）导入，素材更加丰富。用户可在网上直接搜索Ps笔刷进行导入使用。

自行导入的笔刷

点击这个符号即可导入下载好的 Ps 笔刷

1.4 "天生会画"软件的安装与设置准备

了解"天生会画"的安装方法,并对刚下载的软件进行一些基础设置,以方便后续使用。

1.4.1 "天生会画"的安装

"天生会画"是华为研发的免费软件,可在应用市场直接下载。

安装步骤

1.在桌面上找到应用市场并进入。

2.在搜索框内输入"天生会画",找到对应软件,点击进行下载。

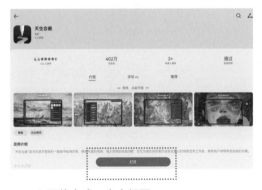

3.下载完成,点击打开。

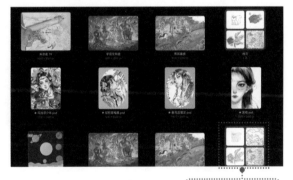

软件自带的练习图

4.打开软件,进入作品页面,系统自带了几张作品,以及练习图,此时下载安装完成。

Tips

更新最新的"天生会画"软件需要先将MatePad系统更新到最新版本。

点击作品页面的"设置"即可更新软件。

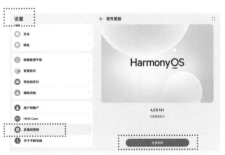

点击MatePad的"设置">"系统和更新",即可进行系统更新。

1.4.2 "天生会画"的基础设置

为方便后续使用，建议提前进行防误触设置、画笔图章轮廓设置、双击切换设置、调整压力曲线等设置。

开启延时录像

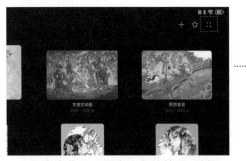 

1.点击作品页面右上角的符号>选择"设置"。

2.打开"延时录像默认开启"，绘画过程就会自动被保存下来了！

防误触设置

1.点击编辑页右上角的操作按钮，选择"偏好设置"。

2.选择"界面与交互">关闭"允许手指绘图"，这样就能防止绘画过程中的误触了。

画笔轮廓和手写笔双击设置

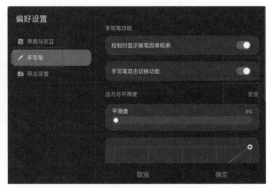

1.点击"偏好设置">"手写笔"。

2.打开"绘制时显示画笔图章轮廓"和"手写笔双击切换功能"，绘制时就能显示画笔轮廓，并且可以双击切换笔刷和橡皮擦。

调整平滑度和压力曲线

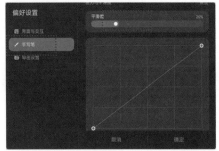

1.点击"偏好设置">"手写笔"。

2.调高"平滑度"，这样绘制时线条会更加平滑，新手更易画出好效果。

自动添加水印设置

1.点击"偏好设置">"导出设置"。

2.打开"自动添加水印"，这样导出的图片就能自带水印。

第二章

熟悉"天生会画"界面

相对于一些专业性极强的电脑软件，"天生会画"的界面非常简单明了。跟着本章内容来熟悉"天生会画"界面，新手也能快速上手！

2.1 我的作品界面

"我的作品"界面是打开软件后弹出的第一个界面，用户在此界面进行文件选择、管理、新建文件等操作。

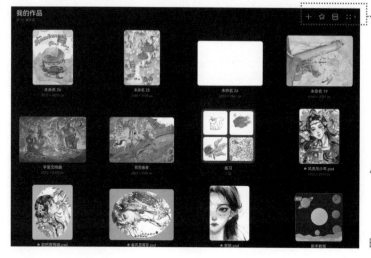

+：新建画布，可选择不同的背景和尺寸。

我的收藏：收藏后的作品在此查看。

资源中心：获得官方原创素材。

菜单：导入、管理作品、查看已删除的作品和更改软件设置。

2.1.1 新建作品

新建作品的方法有"自定义"和直接"选取画布"两种。

点击"+"，在新建窗口中选择需要的画布尺寸，即可新建一个空白画布。

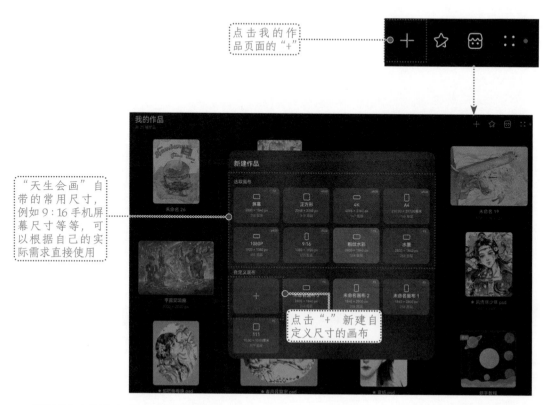

点击我的作品页面的"+"

"天生会画"自带的常用尺寸，例如 9 : 16 手机屏幕尺寸等等，可以根据自己的实际需求直接使用

点击"+"新建自定义尺寸的画布

新建画布有两种方式，一种是使用软件自带的样板画布；二是新建自定义画布，此时需要根据自己的要求调整画布参数。

基础画布设置

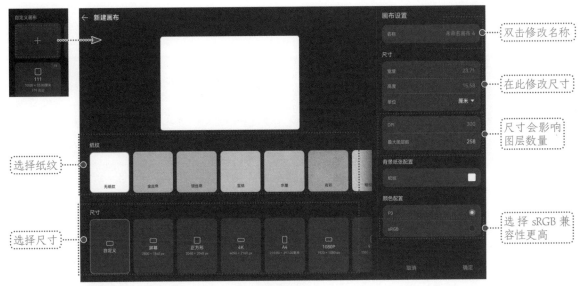

点击"+"之后，可以选择纸纹、尺寸，或者自定义尺寸。

试一试，新建一个自定义尺寸的画布吧！

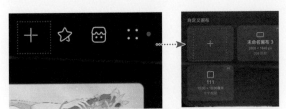

1.点击图库界面右上角"+"，在弹出的页面点击"+"。

2.根据自己的需求选择纸纹，尺寸选择"自定义"。

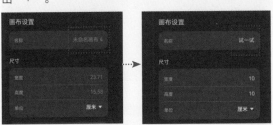

3.双击名称栏，编辑画布名称。

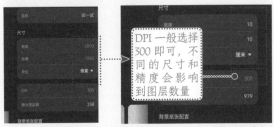

4.点击小三角，将单位更换为厘米，然后宽度和高度分别输入10。

5.颜色设置选择"sRGB"，然后点击确定。

6.一个10厘米×10厘米的画布就设置好了。

2.1.2 我的收藏

"我的收藏"是"天生会画"特有的浏览作品的方式，长按作品，在弹出的菜单中选择收藏，然后点击右上方收藏图标，就可以前往单独的界面欣赏画作。

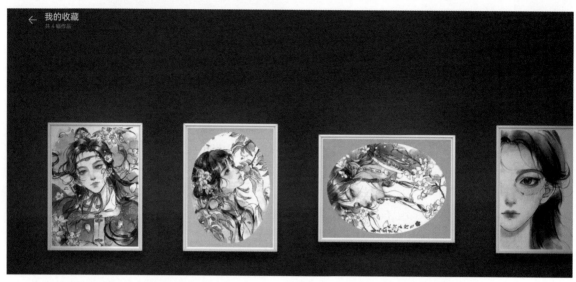

点击"我的收藏"可以看到被收藏的作品，用户可以根据自己的需求将作品进行收藏。

收藏作品

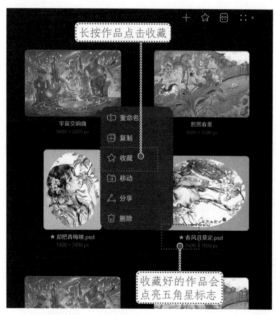

在"我的作品"页面长按作品，在弹出来的选项中点击"收藏"，作品就被收藏起来了。

取消收藏

在"我的作品"页面长按被收藏的作品，或者在"我的收藏"里直接点击作品，都可以取消收藏。

2.1.3 资源中心

在资源中心可以获取不断更新的官方笔刷等素材。

华为官方自研的笔刷等素材都更新在资源中心，用户可以实时点击进行查看并下载使用。

2.1.4 菜单

导入作品、批量管理作品、查看已删除的作品和更改软件设置。

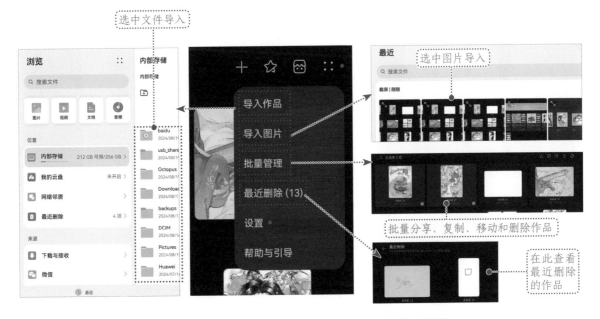

菜单栏包含了导入文件、导入图片、批量管理、最近删除、设置和帮助与引导等。

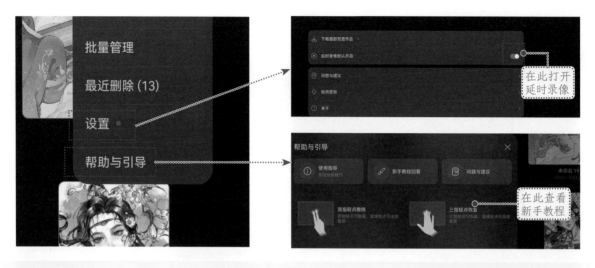

试一试,将图片导入画布。

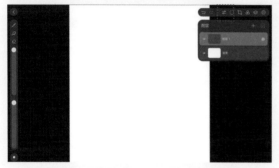

1.先打开一个空白画布,点击"操作"。

2.点击"导入图片"。

3.在图库中选择需要的图片。

4.图片被成功导入画布。

Tips

直接在相册中选择需要导入的图片,点击图片右上角的分享符号,选择"天生会画"打开。

2.2 编辑页面

　　作品编辑页面工具栏有两个部分：绘制工具（左侧）、编辑工具（右上），阅读以下内容快速了解工具栏内容。

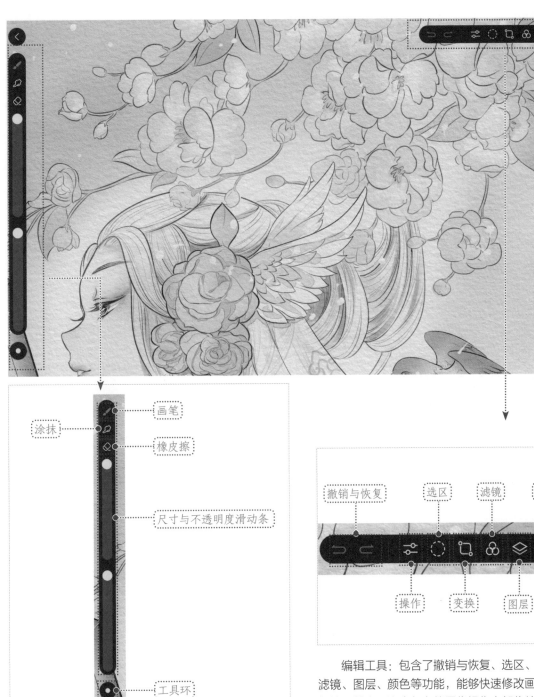

画笔

涂抹

橡皮擦

尺寸与不透明度滑动条

工具环

撤销与恢复　　选区　　滤镜　　颜色

操作　　变换　　图层

　　绘制工具：包含画笔、橡皮擦、涂抹等基本绘制工具，还有调节画笔尺寸与不透明度的调节栏。除此以外，工具环收纳了剪切、复制、粘贴、吸色等基础绘画功能。

　　编辑工具：包含了撤销与恢复、选区、变换、滤镜、图层、颜色等功能，能够快速修改画面，增加绘画效率。许多复杂的图像操作也都收纳在编辑工具栏中。

2.2.1 绘制工具

编辑页面左侧的绘制工具可以方便、快捷地绘画，还可以改变画笔、涂抹、擦除等工具的尺寸、不透明度等设置。

画笔

点击"+"新建笔刷，能根据自己的需求来创作新的笔刷。

涂抹

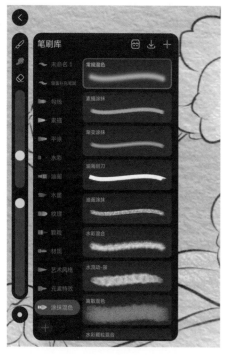

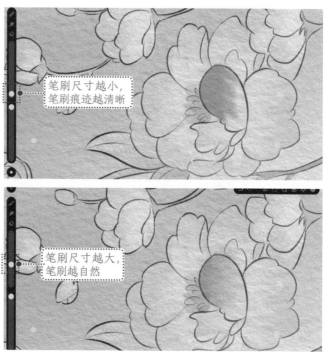

"涂抹"工具具有混合颜色、弱化笔刷效果的作用。我们可以通过调整下笔力度、笔刷不透明度等来决定涂抹的效果。

我们选择不同的力度和画笔尺寸来做一个对比，用较小的画笔力度均匀地涂抹时，颜色过渡不自然，有明显的笔触感；用大的画笔涂抹，交界处自然融合，呈现出渐变的效果。

试一试，借助涂抹工具画出柔和的云朵。

根据画面效果用平涂工具勾勒出云纹

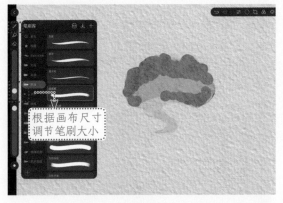

根据画布尺寸调节笔刷大小

1.点击"画笔"，用平涂工具绘制出云朵的颜色变化。

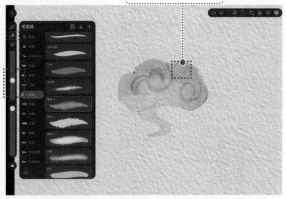

2.点击"涂抹"，选择一个适当的晕染笔刷，顺着云朵颜色变化的边缘进行晕染，注意根据云朵大小调整笔刷大小。

橡皮擦

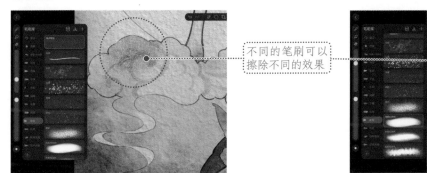

不同的笔刷可以擦除不同的效果

擦除工具可以用于移出颜色、修改错误、柔化边缘。与画笔、涂抹工具有相同的笔库，不同笔刷的擦除效果会有所区别。

Tips 擦除工具不仅有橡皮擦的作用，还能通过不同的笔刷效果和不透明度来表现画面，起到优化画面的作用。

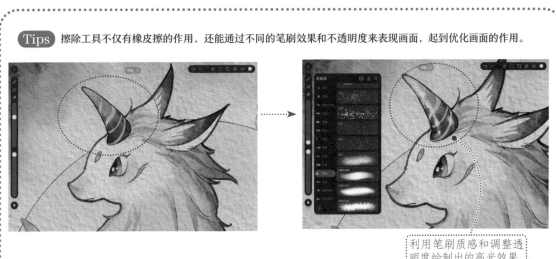

利用笔刷质感和调整透明度绘制出的高光效果

尺寸与不透明度滑动条

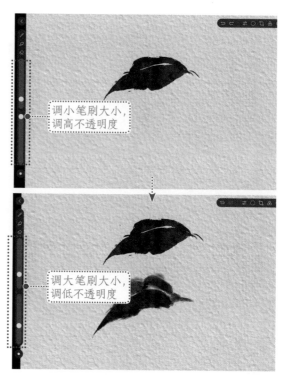

上下滑动调节尺寸

上下滑动调节不透明度

调小笔刷大小，调高不透明度

调大笔刷大小，调低不透明度

　　"尺寸与不透明度滑动条"可以调节"画笔"、"涂抹"、"橡皮擦"等工具，使绘画工具更加符合个性化需求。

　　同一个笔刷，通过调节画笔大小和不透明度可以达到截然不同的效果。

工具环

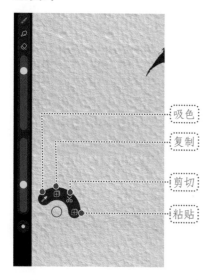

吸色

复制

剪切

粘贴

选中需复制的图形，点击图中的复制图标

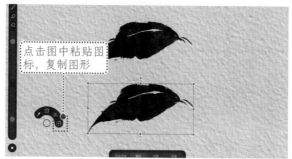

点击图中粘贴图标，复制图形

　　工具环包含了"吸色"、"复制"、"剪切"、"粘贴"的效果，其中"复制"、"剪切"、"粘贴"结合"选区工具"使用效率更高。

　　选中需要复制的部分，点击工具环中的"复制"，再点击"粘贴"，就可以成功复制图形。剪切同理。

2.2.2 操作菜单

编辑工具包含操作、选区、变换、图层和颜色等，能够辅助进行绘画和快速修改画面效果。

撤销与恢复

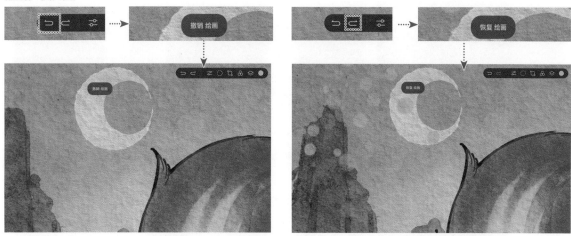

点击"撤销"，作品会自动回到上一步操作，点击"恢复"，作品会自动重做被撤销的内容。

导入图片

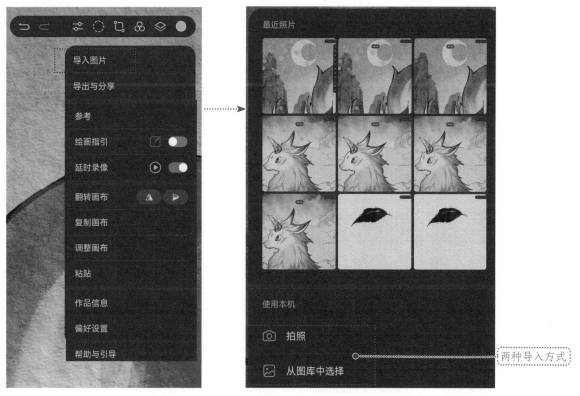

点击"操作"中的"导入图片"可以直接导入图片素材，导入方式有"拍照"和"从图库中选择"两种。

导出与分享

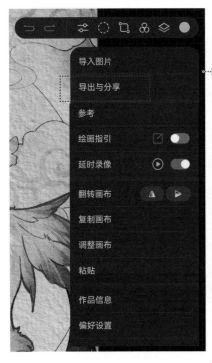
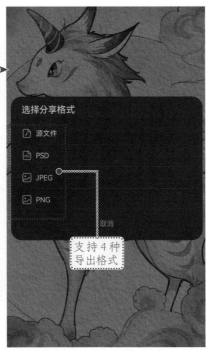

点击"操作",选择"导出与分享",可以选择4种不同的导出方式,其中源文件和PSD格式可以导出全部图层文件,JPEG和PNG格式会导出成合并的一张图。

试一试,将自己画好的作品分享到朋友圈吧!

1.点击"操作">"导出与分享"。

2.在弹出的界面选择JPEG格式。

3.导出完成后在弹出来的界面选择"微信"。

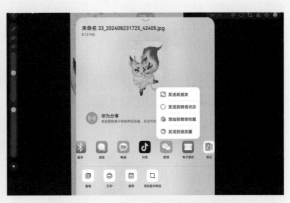

4.点击"微信">点击"发送到朋友圈"。

5.编辑朋友圈文案,点击"发表"。

6.查看朋友圈,作品已经发送成功啦!

参考

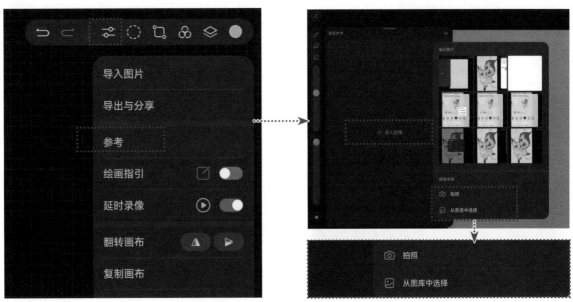

点击"操作"中的"参考">"导入图像",导入方式有"拍照"和"从图库中选择"两种。

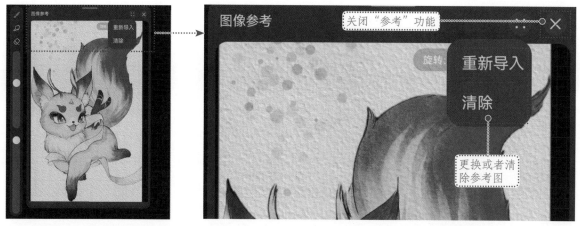

点击右上方的点状符号，可以更换或者清除参考图。点击右上角的"×"，可以关闭参考。

绘画指引

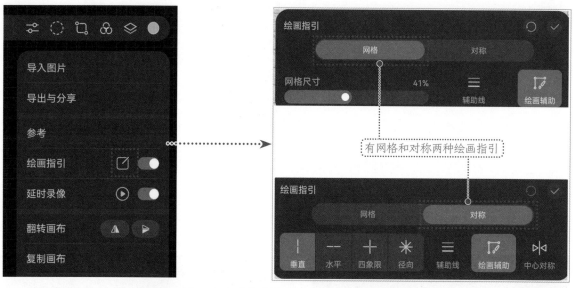

点击"操作">打开"绘画指引"，点击"绘画指引"左边的图形可以编辑"绘画指引"，有"网格"和"对称"两类，可以根据自己的实际需求选择对应的功能。

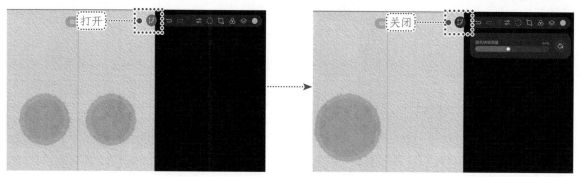

可以根据自己的需求选择打开还是关闭"绘图辅助"。打开"绘图辅助"才可以一笔画出对称的图形。

延时录像

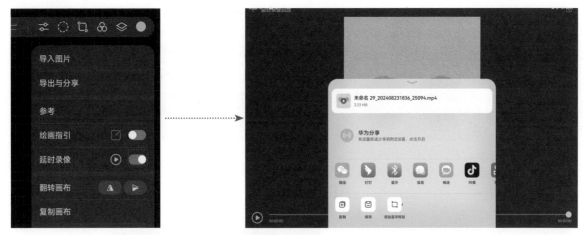

点击"操作"，点击"延时录像"左边的图形播放绘画过程，还可以分享、保存绘画过程。

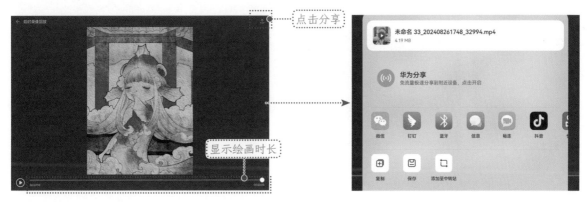

点击右上角分享图标，可以将绘画视频分享到朋友圈、抖音等社交平台，也可以点击"保存"，将其存在设备相册或者文件夹内。

翻转画布

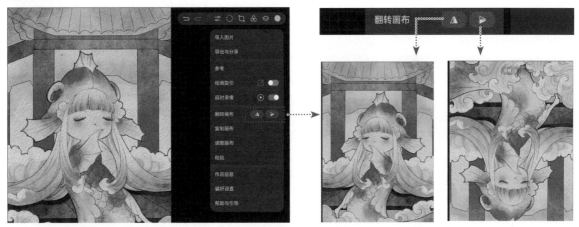

点击"翻转画布"可以水平或者垂直翻转画布。

复制画布与粘贴

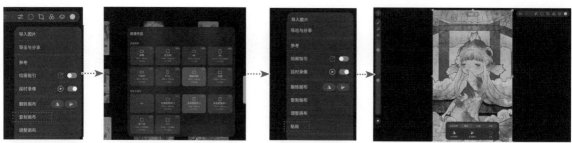

点击"操作">"复制画布",回到作品页面,新建一个画布,点击"操作">"粘贴",就可以将画布内容复制到其他画布上。

调整画布

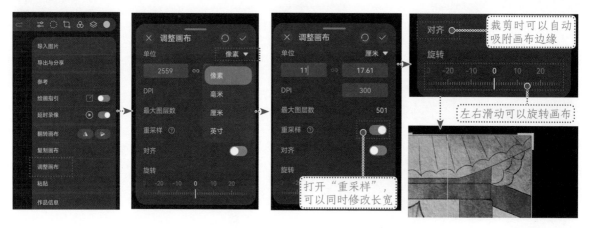

点击"操作">"调整画布",在弹出来的界面上可以修改画布尺寸、修改尺寸单位、旋转画布内容。

作品信息

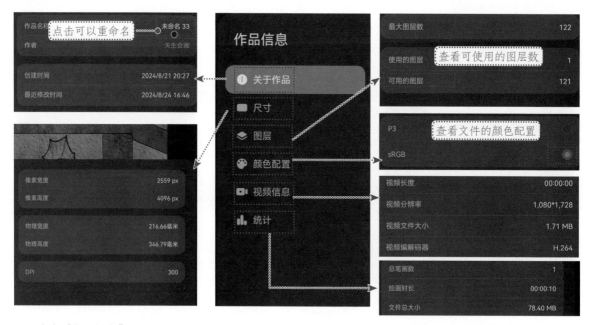

点击"作品信息",可以看到作品相关的名称、尺寸、图层、颜色配置、视频信息和统计等。

偏好设置

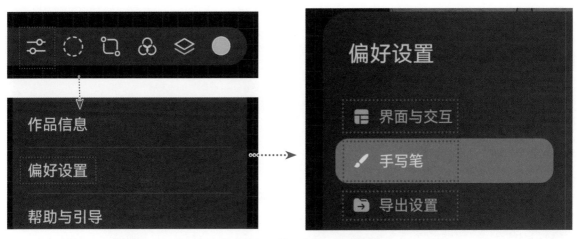

"偏好设置"可以帮助用户根据创作的内容进行调节，实现个性化设置。

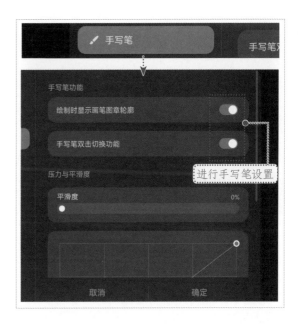

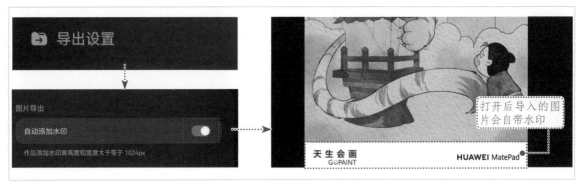

"偏好设置"大致分为"界面与交互"、"手写笔"和"导出设置"等，可以满足用户各种个性化习惯。

帮助与引导

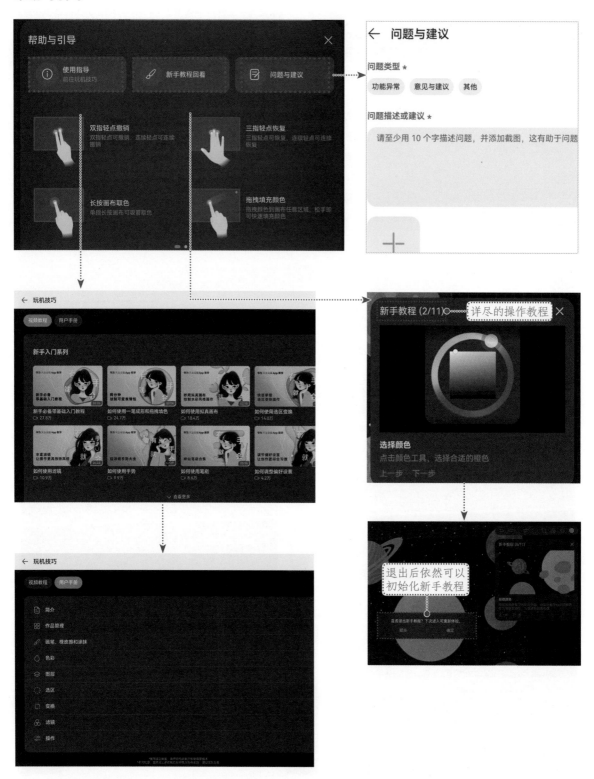

　　"帮助与引导"是专门针对新手设置的。其中"新手教程"可以帮助用户一步一步进行软件适应,让新手更快入门。视频教程里包含了一些绘画中常遇见的问题;用户手册包含了"天生会画"的工具操作方法。

2.2.3 选区

使用选区工具可以选择画面中的任意部分进行调整，选取的方法主要分为魔棒、手绘、智能选区、矩形和椭圆几种，方便我们快速且精准地选出想要调整的部分。

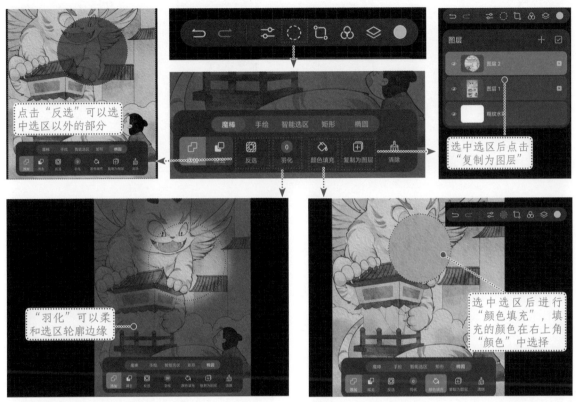

选中选区之后，可以进行"反选"、"羽化"、"颜色填充"、"复制为图层"、"清除"等操作。其中点击"清除"可以取消选区。

魔棒

"魔棒"工具可以轻松选中简单图形的边缘，还可以通过调节右上角的"阈值"来确认选区范围。

手绘

用手指或者手写笔在画面中进行描线可以细致又精准地选择图形，这种方法适用于选取较为复杂的图形。

智能选区

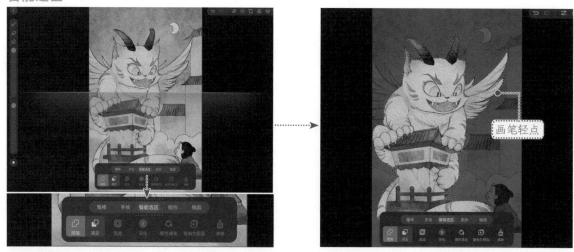

　　"智能选区"是"天生会画"独有的功能，点击"智能选区"之后，手写笔轻点需要选中的区域，可以较为精确地选中图形轮廓。

矩形和椭圆

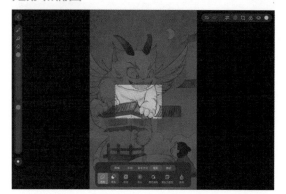 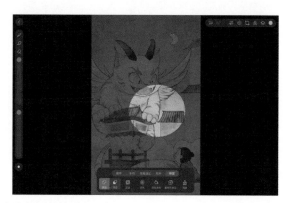

　　"椭圆"和"矩形"工具可以用轻点、拖曳的方式选中几何形状的选区。

2.2.4 变换工具

　　变换工具可以随意移动或改变画布中的图案，变换工具有"自由变换"、"等比"、"扭曲"和"弯曲"4种模式。

自由变换　　　　　　　　　　　　　　　　　　　　　　**等比**

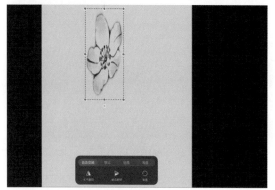 

　　"自由变换"不会维持图片原有的比例，会使图片发生拉伸、挤压变形。

　　"等比"模式能够让画面中的物体均匀地缩放和移动，画面下方有变形选项，可以根据需求选择对应选项。

扭曲

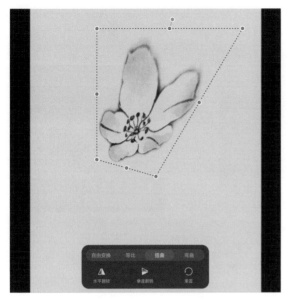

弯曲

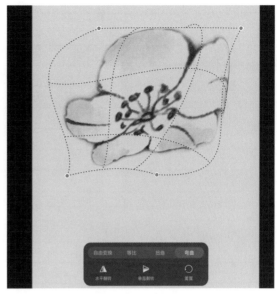

"扭曲"可以为画面制造出一定的透视效果,点击并拖曳角点可以局部放大或缩小图片。

"弯曲"与"扭曲"有一定的区别,选中图片之后会出现网格状的虚线,拖曳角点可以创造3D效果。

试一试,将牛魔王的烧鸡变大!

1.使用"智能选区"工具选中烧鸡,然后点击"复制为图层"。

2.选中复制的烧鸡图层,点击"变换"工具,用"弯曲"工具进行拖曳放大。

3.再次点击"变换",牛魔王的烧鸡就变大了!

2.2.5 滤镜

使用"滤镜"菜单不仅可以对画面色彩进行调整，还可以为画面添加专业的艺术效果。

在这里我们将"滤镜"菜单中的选项分别按照处理画面的类型来分类。

1.色彩调整：主要调节色相/亮度/饱和度、曲线等。

2.模糊处理分为3种模式，可将图像进行柔化处理。

3.艺术处理：能使图像变换出更具艺术感的视觉效果。

4.图像变化：液化。

色彩调整

点击"色相/饱和度/亮度"后滑动滑块能改变颜色的色值和亮度等。

"颜色平衡"能改变三原色的组合，以快速修改图像的颜色。

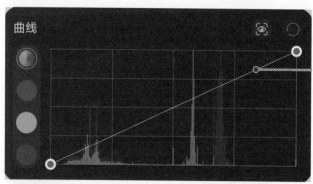

划动曲线调节数值

"曲线"是调节色彩和对比度的常用方式，移动图中的线条能改变画面的颜色及对比效果。有4种调节选项。

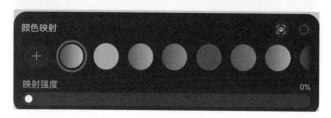

"颜色映射"能将黑、白、灰快速替换成彩色，在后面的内容中会详细介绍此功能。

模糊处理

"高斯模糊"能让图像呈现出柔和、失焦的视觉效果,左右滑动画面可以调节模糊的程度。

"动态模糊"可以滑动调节模糊的程度及方向。这种模糊能创作出具有速度感的画面。

圆盘所在区域清晰,其他区域根据设置的方向进行模糊

"透视模糊"分为"位置"和"方向",画面中的小圆盘为视觉重心,可以通过改变方向来调节模糊的角度。

艺术处理

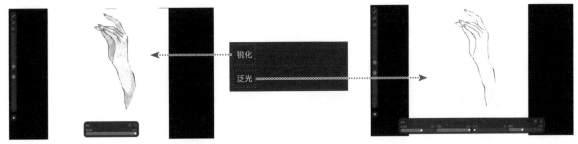

锐化

泛光

"锐化"可以使模糊的边缘变得更加清晰、明确。

"泛光"能使画面产生发光效果,呈现出真实的泛光效果。

图像变化

"液化"有5种模式,可以变换出不同的效果。下面来试一试这5种效果。

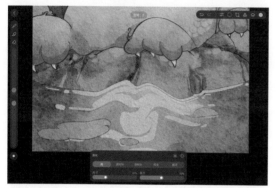

"推"是用手指移动画面,让物体变形,形成拉伸的效果。可以调节笔触的大小,从而调整液化范围。

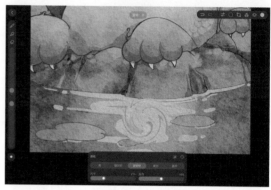

"顺时针"和"逆时针"两种,同时向两个方向旋转时画面有被搅拌的效果呈现。

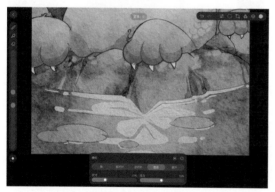

"捏合"是点击画面中的任意一个区域,该区域的图像会呈现出收紧的效果。

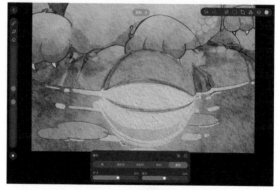

"展开"功能下,点击画面,此时画面会呈现出类似吹气球的效果并向外展开。

Tips 使用液化功能修改画面主体物轮廓是画师常用的方法。

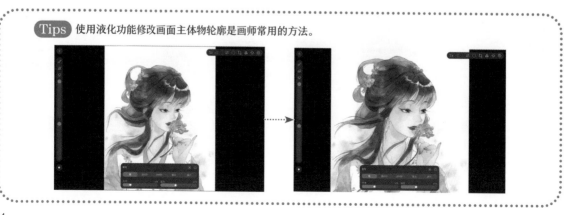

2.2.6 图层

图层功能非常强大，是我们创作时必用的工具。在后期我们会详细介绍图层的操作方法。

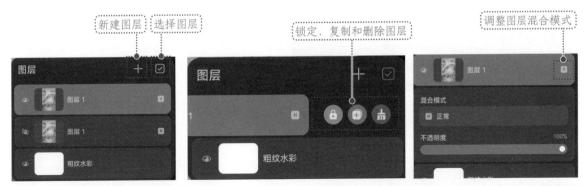

点击"图层">"+"可以新建空白图层，左滑图层可以锁定、复制或删除图层，点击"N"可以调整图层混合模式。

组合图层

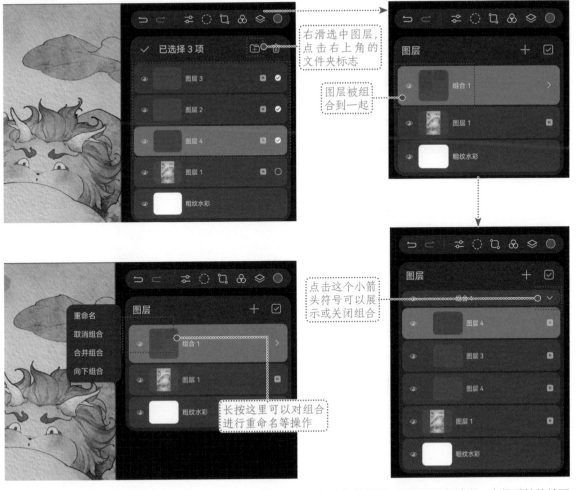

当作品文件较大、图层较多的适合，可以对其进行适当分组来归纳图层，使图层更加清晰，方便后续的绘画创作。

2.2.7 颜色

　　"颜色"是创作时选择颜色、调整配色的必备工具，可以通过拖曳、输入色值选择合适的颜色。后面会进行到详细的讲解。

Tips　新手可以购买一些专业配色工具书、色谱，或者在网络上查找色值，以找到更加准确的色彩。

　　"颜色"分为"色盘"、"色环"、"滑块"、"色卡"等。

　　当前使用的颜色显示在这里

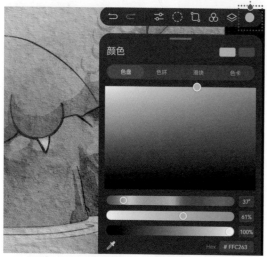

　　色盘：分别滑动第一、二、三排选择色相、饱和度和明度。

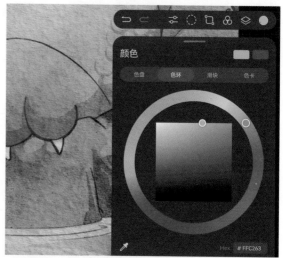

　　色环：通过滑动外圈的颜色色环选择色相，内圈的圆形色盘会自动调整到对应的色相，接着可以再在内圈选择对应的颜色明度。

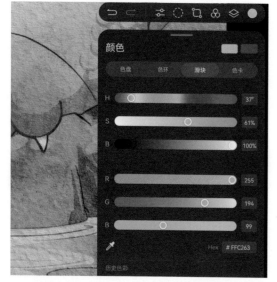

　　滑块：可以分别以HSB或者RGB选择颜色，或者直接输入对应的颜色色号得到准确的颜色。

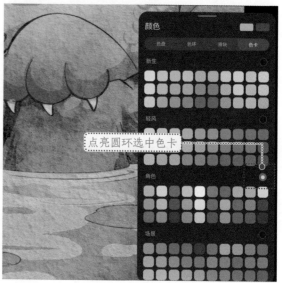

　　点亮圆环选中色卡

　　色卡："天生会画"自带的配色方案，便于直接进行绘制。

第三章

掌握"天生会画"的基础操作

　　"天生会画"的操作非常简单便捷，主要分为"画布管理"、"图层"、"笔刷"、"绘画指引"等。本章作者带着大家一起来认识"天生会画"中的基础操作！

3.1 图层的概念、使用方法和技巧

图层的基本操作分为创建图层、管理图层、新建组、合并图层、图层的混合模式等。掌握这些操作能让创作变得更便捷。

3.1.1 创建图层

在使用"天生会画"绘制作品时，作品是通过绘制在图层上进行呈现的，将内容通过分层叠加来进行表现，可以更加便于管理和修改作品。

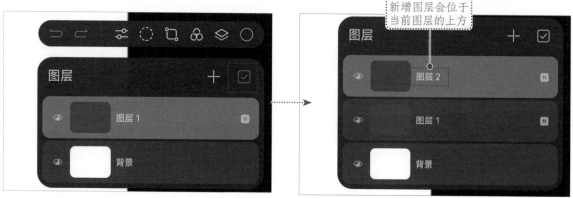

新增图层会位于当前图层的上方

轻点图层列表中的"+"，此时会在原有图层的上方新增一个图层，并且会自动生成序号。

> **Tips**
>
> 新手在绘制一幅完整的作品时可以根据绘制步骤新建线稿、背景、色稿等三个图层，这样便于建立初级绘画逻辑，以及后期进行修改。

3.1.2 管理图层

当需要进行局部微调时，独立的图层能方便修改，使其他区域不受影响。可通过滑动的手势对图层进行移动、锁定、解锁复制、删除等常规的操作。

移动图层

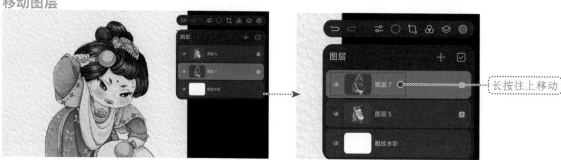

长按往上移动

点击"图层"，打开图层列表。

长按需要移动的图层，将其拖动至下一层或上一层即可完成移动。

锁定图层

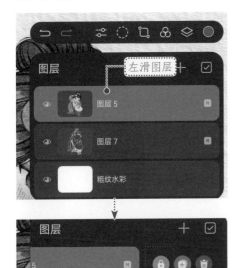

选中想要锁定的图层轻点左滑，点击锁定标志即可。

解锁图层

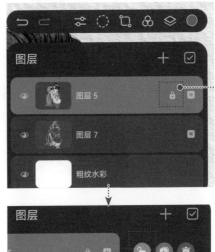

锁定图层后，图层名称旁会出现一个锁头图标，能锁定图层，以避免一些意外的编辑

解锁时，左滑点击解锁标志即可。

复制图层

复制后的图层名称一样

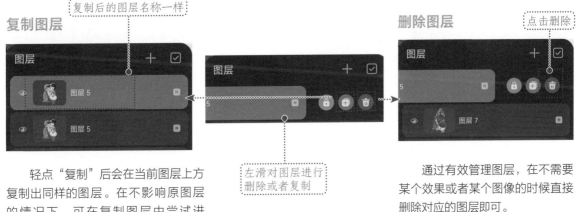

左滑对图层进行删除或者复制

轻点"复制"后会在当前图层上方复制出同样的图层。在不影响原图层的情况下，可在复制图层中尝试进行大量的调整操作。

删除图层

点击删除

通过有效管理图层，在不需要某个效果或者某个图像的时候直接删除对应的图层即可。

Tips

使用"天生会画"绘制作品的时候，如果想要修改某一图层，可以先复制并锁定此图层，然后点击"小眼睛"隐藏图层，这样就保留了一个原始图层，之后如果想要恢复原本的效果，直接打开右边的勾选即可。

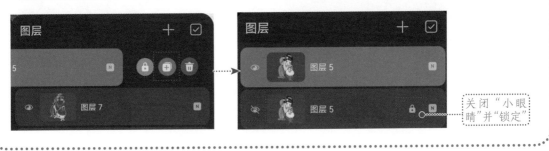

关闭"小眼睛"并"锁定"

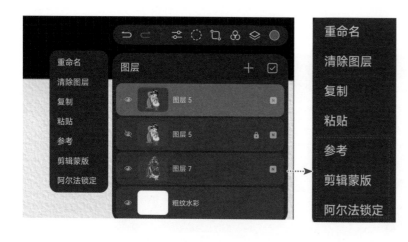

"参考"、"剪辑蒙版"、"阿尔法锁定"会在后续的进阶内容中进行详细讲解。

重命名

在绘制过程中，为了更好地管理图层，建议按照绘图步骤或者绘图效果命名图层。

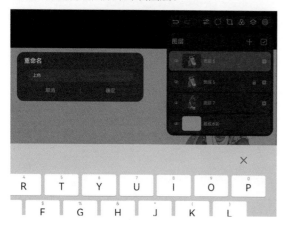

清除图层

即删除此图层内的所有内容，但保留此空白图层。

被清除的图层缩略图会显示空白

复制和粘贴

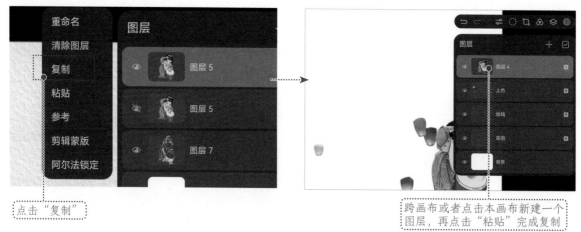

点击"复制"

跨画布或者点击本画布新建一个图层，再点击"粘贴"完成复制

复制和粘贴通常一起使用。点击"复制"，整个图层的内容都会被复制，然后可以"粘贴"到本画布或者其他画布。

3.1.3 新建组

当绘画图层过多时，可以将图层进行适当组合，方便图层管理。

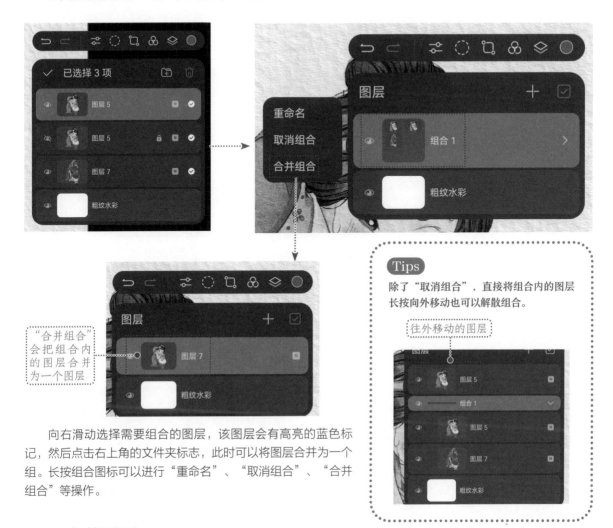

"合并组合"会把组合内的图层合并为一个图层

Tips

除了"取消组合"，直接将组合内的图层长按向外移动也可以解散组合。

往外移动的图层

向右滑动选择需要组合的图层，该图层会有高亮的蓝色标记，然后点击右上角的文件夹标志，此时可以将图层合并为一个组。长按组合图标可以进行"重命名"、"取消组合"、"合并组合"等操作。

3.1.4 合并图层

当图层过多时，可以将其进行合并以减少图层数量。

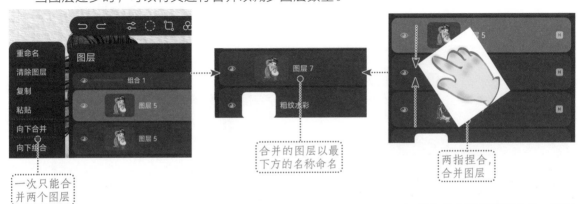

一次只能合并两个图层

合并的图层以最下方的名称命名

两指捏合，合并图层

选择"向下合并"，此时当前图层会自动和下方图层进行合并。

如果有多个图层需要合并，可以选择最上面的图层和最下面的图层并捏合，中间的所有图层都会进行合并。

3.1.5 图层混合模式

　　每个独立的图层都会覆盖其下面图层的内容，可以通过图层的混合模式改变图层的覆盖模式，使两个或多个图层进行互动、混合等。

图像右边的字母代表不同的混合模式缩写

调整不透明度可以加强或者减弱图像的混合效果

　　点击图层右边的"N"可以更改图层的混合模式，其中"N"代表无混合模式。

分类

　　混合模式大致可分为"颜色加深"、"颜色减淡"、"增强对比"、"颜色反向"等四大类。

　　"颜色加深"包括"正片叠底"、"颜色加深"等。

　　"颜色减淡"包括"变亮"、"滤色"等。

　　"增强对比"包括"柔光"、"强光"等。

　　"颜色反向"包括"差值"、"排除"等。

常用的混合模式

正片叠底：可以在不降低透明度的情况下将两个图层进行混合，常用于制作一些阴影和肌理。

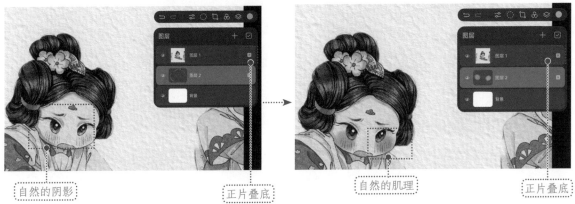

在原图层下方添加图层进行绘制阴影。

在原图层下方插入肌理文件或者用纹理笔刷进行绘制可以得到自然的肌理。

滤色：自然地提亮图像色调或者做出特别的"双重曝光效果"。

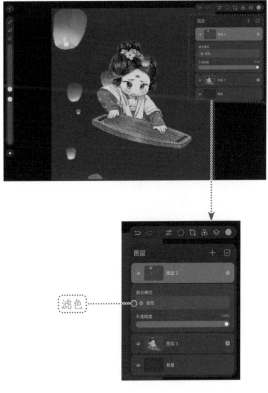

复制一个相同的图层并选择"滤色"模式，画面色调会得到自然的提亮。

在原图层上方添加一张图片，并修改成"滤色"模式，会得到特别的"双重曝光"效果。

线性减淡：在原有色彩基础上表现高光效果，富有表现力，能绘制出自然的光晕。

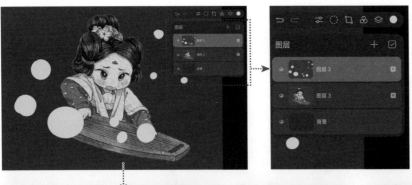

新建一个图层，绘制出多个大小不一的圆形，此时圆形没有任何光感。

"线性减淡"模式

将绘制了圆形的图层修改为"线性减淡"模式，此时圆形颜色变亮，表现出了光感。

适当调整圆形图层不透明度，使圆形光圈更加符合画面效果。

试一试，利用正片叠底绘制图像暗部吧！

正片叠底

1.新建一个空白图层。

2.将原图层改为"正片叠底"模式。

新图层置于下方

3.将新图层至于原图层下方。

4.选取一个清透的粉紫色绘制阴影，会得到自然的暗部阴影颜色。

3.1.6 背景调整

在"天生会画"中，可以在绘制过程中随时更改背景色和纸纹样式。

背景颜色

除了新建画布之时可以设置背景色，在绘制过程中，也可以随时更换背景颜色。点击"图层"按钮>"背景"，根据自己需求取色，背景就会自动更换为新取的颜色。

纸纹调整

点击"图层"按钮>"背景"，点击右下角的"纸纹"，界面切换到"背景纸纹"，根据自己的需求选择纸纹并进行参数设置即可得到自然的纸纹效果。

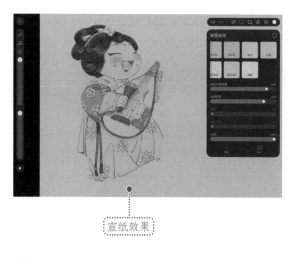

宣纸效果

水墨效果

丝帛效果

岩彩效果

水彩效果

"天生会画"自带原创国风纸纹效果，结合笔刷使用，效果自然而逼真。其中宣纸、水墨、金银丝帛、岩彩为中国风特有的效果，用户可以多多尝试。

在"天生会画"中，纸纹和笔刷基本能够进行对应。使用对应的笔刷进行绘制效果更佳！

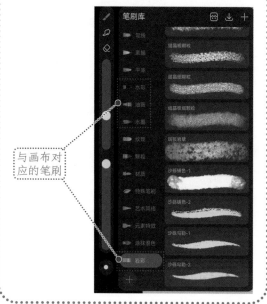

与画布对应的笔刷

3.2 "颜色"面板的认识和使用

　　上色是绘画中非常关键的操作，先从基础的色彩理论开始学习，理解基本的色相、明度、饱和度等，再从天生会画的颜色面板中取色就会变得更加简单。

3.2.1 认识色相环

　　色相环对应的是色彩的排列规律，下面先简单了解色彩的基本原理和基础色彩名词的概念。

RGB 色相环

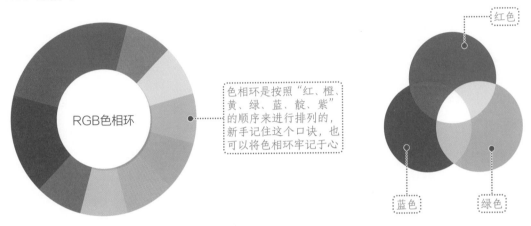

色相环是按照"红、橙、黄、绿、蓝、靛、紫"的顺序来进行排列的，新手记住这个口诀，也可以将色相环牢记于心。

　　RGB由R（Red，红）、G（Green，绿）、B（Blue，蓝）组成，也叫三基色。3种基色是互相独立的，任何一种颜色都不能被另外两种颜色合成。间色是由两种基色混合而成的，复色则是将间色继续混合而成的。

> **Tips**
> P3色域是一种在电影行业中广泛使用的色域标准，包含了较sRGB色域更广的颜色范围，适合视频编辑和专业摄影；但互联网上sRGB的兼容性更高，使用更加广泛。
>
>
>
>
>
> 使用"天生会画"进行摄影修图或者需要将绘制完成的作品发送到支持P3格式的设备上时，可以使用P3颜色配置进行创作。
>
> 日常绘画，发送到朋友圈等基础社交平台使用sRGB即可。

色彩关系

基本色彩关系有互补色、同类色、邻近色等，了解色相环中的色彩关系，认识基础色彩名词，新手在使用平板电脑绘画创作的时候用色会更加得心应手。

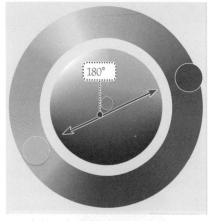
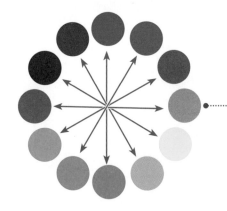

常见的互补色为：橙色与蓝色、红色与绿色、黄色与紫色。观察左图中的 12 色相环，每个颜色都对应这种互补色关系，在绘画时可以作为颜色参考进行使用

色相环中两种颜色呈180°时，它们为互补色，且形成对比关系，搭配使用时有强烈的视觉冲击力。

同类色

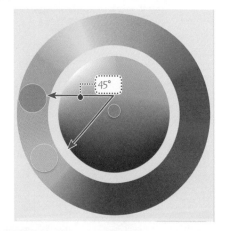

同类色是指色相接近，在色相环中夹角在45°范围内的颜色。这种颜色的搭配相对比较稳定、容易控制。

色彩的冷暖

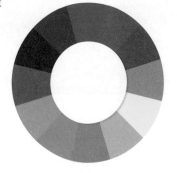

邻近色

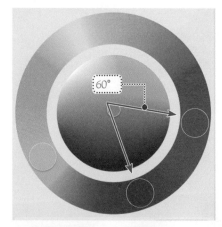

邻近色的色相彼此接近，冷暖性质相同，在色相环中夹角在45°～60°范围内的颜色都属于邻近色。这种颜色的搭配彼此色相近似，但又有一点区别。

一幅画面可以通过冷暖色的搭配给人不一样的感受，偏蓝的冷色调给人以寒冷、深沉的感觉，偏红的暖色调给人以温暖的感觉。

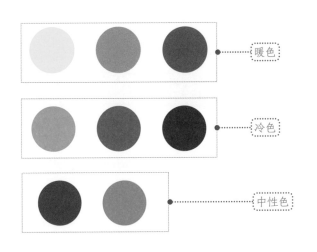

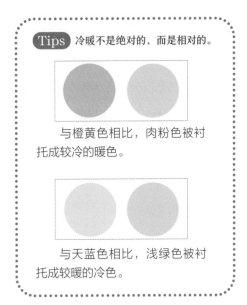

Tips 冷暖不是绝对的，而是相对的。

与橙黄色相比，肉粉色被衬托成较冷的暖色。

与天蓝色相比，浅绿色被衬托成较暖的冷色。

在色相环中，颜色分为3个部分，分别是暖色（红色、橙色、黄色）、冷色（蓝色、天蓝色、青色）、中性色（紫色、绿色），创作时我们应根据画面效果选择合适的颜色。

3.2.2 "天生会画"的取色工具

"天生会画"的取色工具也就是"颜色"面板，包含了"色盘"、"色环"、"滑块"、"色卡"等4种，用户根据自己的习惯选择其中一个即可。

色盘

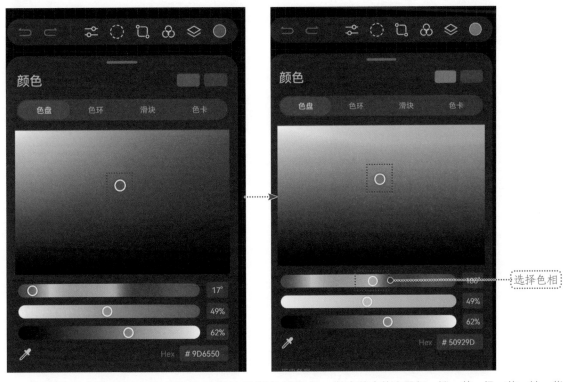

拖曳第一个滑动条中的小滑块可以控制颜色的色相，从左往右依次是红、橙、黄、绿、蓝、靛、紫。

饱和度也可以理解为色彩的纯度，颜色越纯，饱和度越高；颜色混合越多，颜色的饱和度越低。

　　拖曳第二个滑动条中的小滑块可以控制颜色的饱和度，滑块越往左，颜色的饱和度越低；滑块越往右，颜色的饱和度越高。通过这个滑动条可以选择出柔和或者鲜亮的颜色。

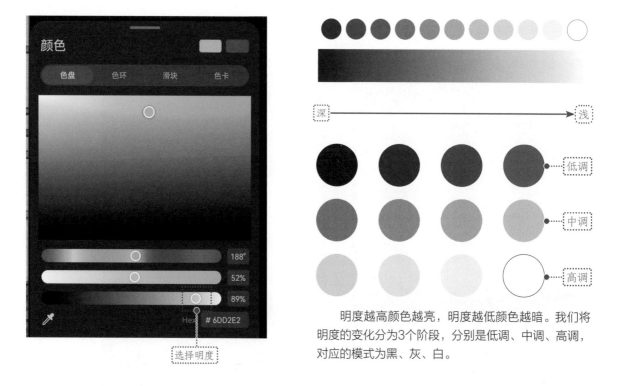

明度越高颜色越亮，明度越低颜色越暗。我们将明度的变化分为3个阶段，分别是低调、中调、高调，对应的模式为黑、灰、白。

　　第三个滑动条是一个黑白的色条，它用于控制颜色的明度变化。越往左，颜色越深，越往右，颜色越浅。当挑选完颜色后，轻点颜色面板的任意位置都能退出选择状态。

色环

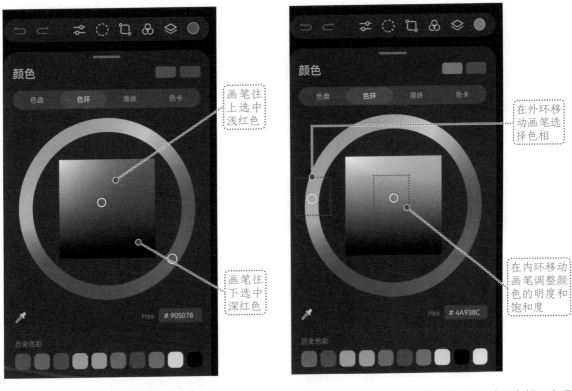

画笔往上选中浅红色

画笔往下选中深红色

在外环移动画笔选择色相

在内环移动画笔调整颜色的明度和饱和度

"天生会画"中的色环采用的就是色相环的展现形式，有色相、饱和度、明度等区域。外环表示色相，内环表示的是明度和饱和度，通过上下移动画笔来选择明度，画笔越往上颜色明度越高，反之亦然；通过左右移动画笔来调整饱和度，左移画笔颜色饱和度降低，反之亦然。

滑块

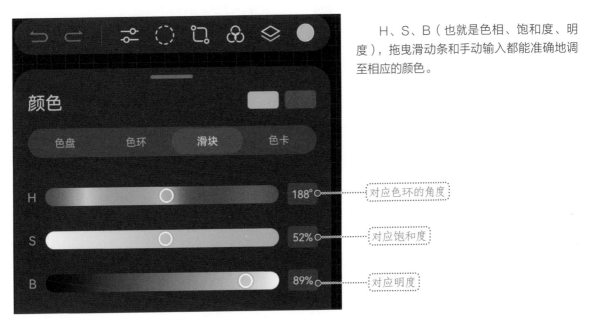

H、S、B（也就是色相、饱和度、明度），拖曳滑动条和手动输入都能准确地调至相应的颜色。

对应色环的角度

对应饱和度

对应明度

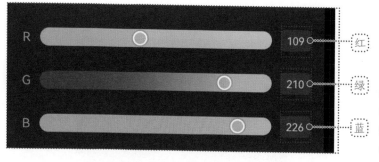

> 红
> 绿
> 蓝

"滑块"的功能区中还有 R、G、B(红、绿、蓝)滑动条,也可以在右边手动输入数值,3个数值框中同时输入0时,会获得黑色;3个数值框中输入最大的255时会呈现出白色。

在十六进制里,吸色的颜色并不准确,需要输入正确的颜色值才能保证色彩的精准

最底部是十六进制的专属代码,以确保选择的颜色精准。"滑块"的设置适用于专业的设计师或插画师在设计或绘图时进行精准的选色。

试一试,输入色值给图片勾线!

1.任意绘制一个图案。

在互联网上查询的金色的色值

2.点击"颜色">"滑块",将RGB值分别设置为243、176、47。

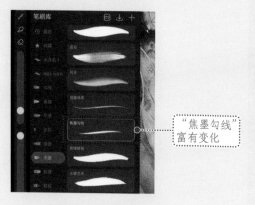

"焦墨勾线"富有变化

3.选择一个较细的勾线笔刷。

4.对前面画好的图案进行勾勒金边。

色卡

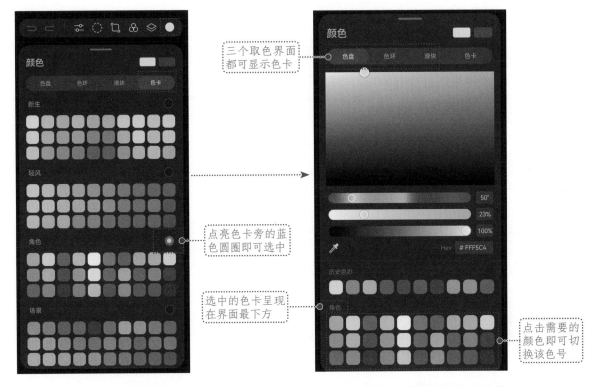

三个取色界面都可显示色卡

点亮色卡旁的蓝色圆圈即可选中

选中的色卡呈现在界面最下方

点击需要的颜色即可切换该色号

"天生会画"自带4套色卡，分别是"新生"、"轻风"、"角色"、"场景"，用户可以根据自己的画面风格选择合适的色卡。点击"颜色">"色卡"，然后选中色卡，接下来在选色时，选中的色卡会呈现在颜色面板最下方。

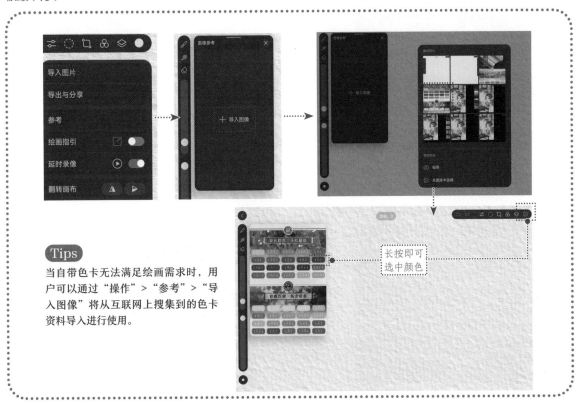

长按即可选中颜色

Tips

当自带色卡无法满足绘画需求时，用户可以通过"操作">"参考">"导入图像"将从互联网上搜集到的色卡资料导入进行使用。

3.3 画笔的基本操作

认识常用的笔刷特点，了解不同风格的笔刷如何运用，学习"天生会画"笔刷的基本操作。

3.3.1 常用笔刷的质感与应用

"天生会画"自带了丰富的笔刷，尤其是模拟国风手绘类的笔刷，不同的笔刷呈现的画面效果各有特点，其中常用的笔刷如下所示。

勾线

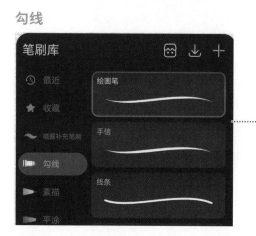
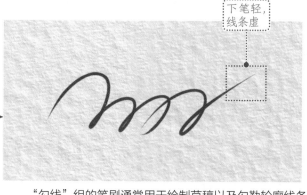

下笔轻，线条虚

"勾线"组的笔刷通常用于绘制草稿以及勾勒轮廓线条，通过控制下笔力度的轻重，可以绘制出线条的虚实变化。

素描

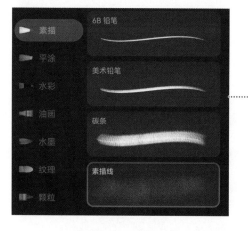
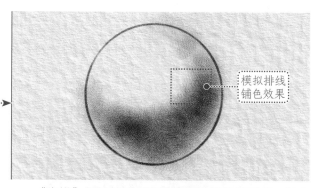

模拟排线铺色效果

"素描"组的笔刷可以模拟素描铅笔的质感，其中"素描线"可以模拟素描铺色效果，其余均可用于勾勒轮廓或者起形打草稿。

平涂

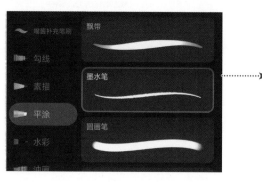
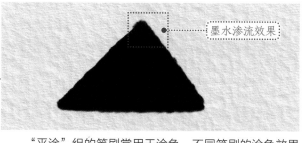

墨水渗流效果

"平涂"组的笔刷常用于涂色，不同笔刷的涂色效果有细微区别，其中"墨水笔"可以在物体边缘模拟墨水渗流的效果。

水彩

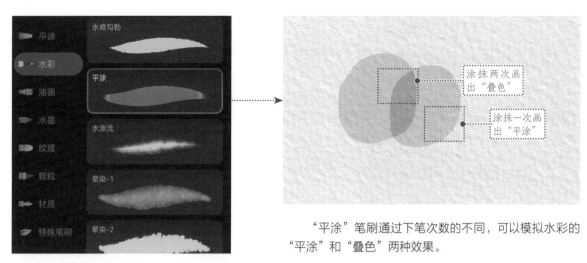

"平涂"笔刷通过下笔次数的不同,可以模拟水彩的"平涂"和"叠色"两种效果。

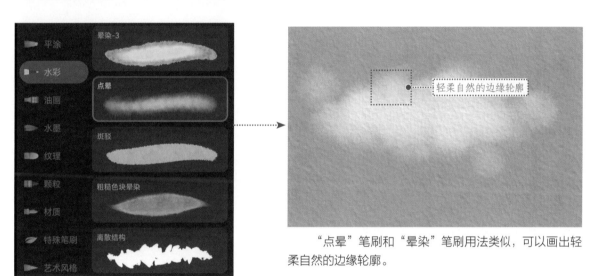

"点晕"笔刷和"晕染"笔刷用法类似,可以画出轻柔自然的边缘轮廓。

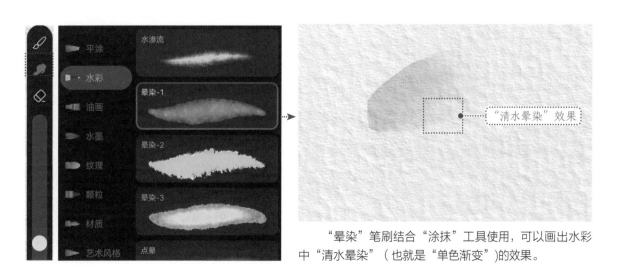

"晕染"笔刷结合"涂抹"工具使用,可以画出水彩中"清水晕染"(也就是"单色渐变")的效果。

油画

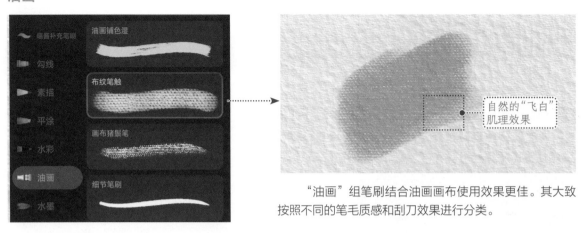

自然的"飞白"肌理效果

"油画"组笔刷结合油画画布使用效果更佳。其大致按照不同的笔毛质感和刮刀效果进行分类。

水墨

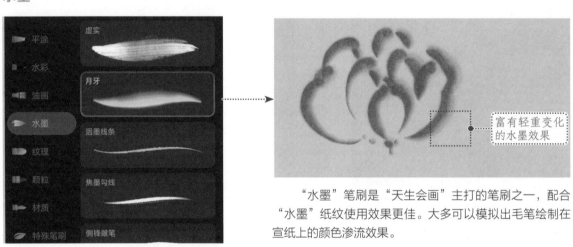

富有轻重变化的水墨效果

"水墨"笔刷是"天生会画"主打的笔刷之一，配合"水墨"纸纹使用效果更佳。大多可以模拟出毛笔绘制在宣纸上的颜色渗流效果。

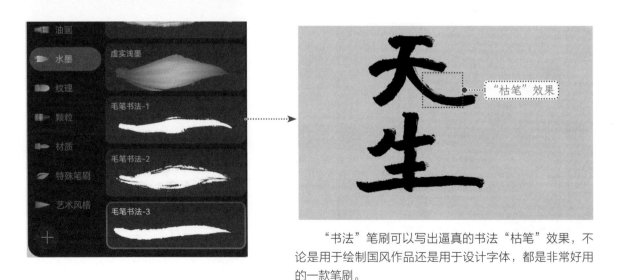

"枯笔"效果

"书法"笔刷可以写出逼真的书法"枯笔"效果，不论是用于绘制国风作品还是用于设计字体，都是非常好用的一款笔刷。

纹理

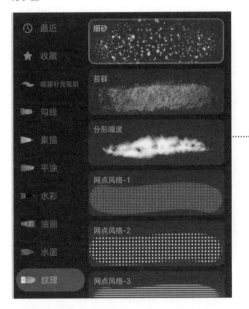

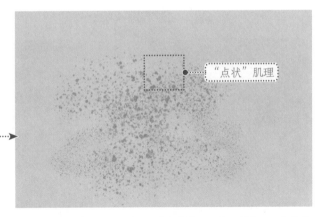

"点状"肌理

"纹理"笔刷包含了"点状"、"团状"、"网格状"等常用的纹理效果，可用于绘制物体的肌理，例如衣裙的花纹等等。

颗粒

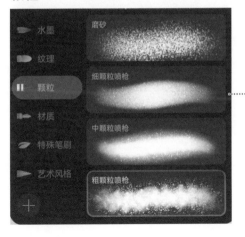

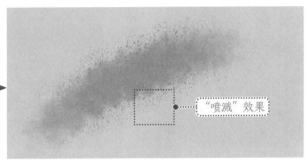

"喷溅"效果

"颗粒"和"纹理"效果类似，是粗细、疏密程度不同的点状效果，可用于表现"撒点"、"喷溅"、"泼墨"等特殊绘画手法。

艺术风格

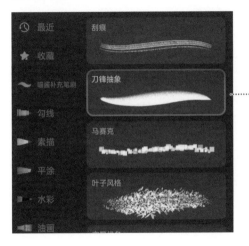

根据笔刷风格绘制出的《兰叶图》

"艺术风格"包含了各种特殊的绘画效果，用户可以根据自身需求进行使用。

3.3.2 笔刷的简单设置

新手可以通过简单调整笔刷使绘制过程更加轻松。

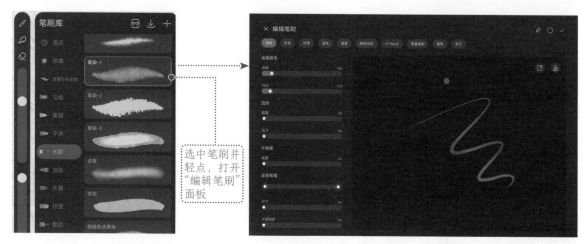

选中笔刷并轻点，打开"编辑笔刷"面板

画线不抖的调整方法

点击"线条"，拉大"流线"和"平滑度"数量。

放大和缩小笔刷

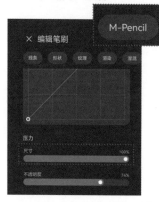

点击"M-Pencil"，拉大"尺寸"可以放大笔刷。

重命名笔刷

点击"关于" > "重命名"，可以给修改后的笔刷进行重新命名。

3.3.3 笔刷的管理：复制、收藏与分组

通过"复制"、"收藏"与"分组"管理笔刷，提高绘画效率。

复制笔刷

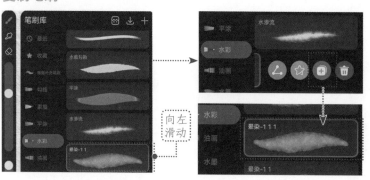

向左滑动

点击需要复制的笔刷，向左滑动，点击"复制"符号，笔刷就会自动复制到原笔刷上方。

> **Tips**
>
> 在调整笔刷参数之前，一定要先复制笔刷，再进行调整，以此保存原始笔刷。
>
>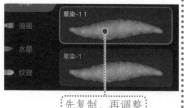
>
> 先复制，再调整

收藏笔刷

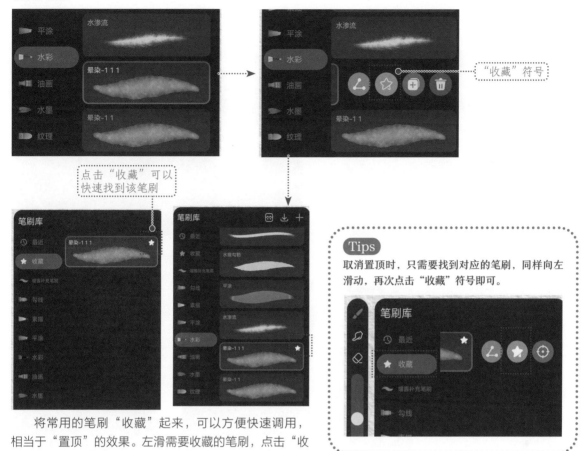

点击"收藏"可以
快速找到该笔刷

"收藏"符号

Tips

取消置顶时,只需要找到对应的笔刷,同样向左
滑动,再次点击"收藏"符号即可。

将常用的笔刷"收藏"起来,可以方便快速调用,相当于"置顶"的效果。左滑需要收藏的笔刷,点击"收藏"符号,被收藏的笔刷右上角会呈现一个白色五角星。

笔刷分组

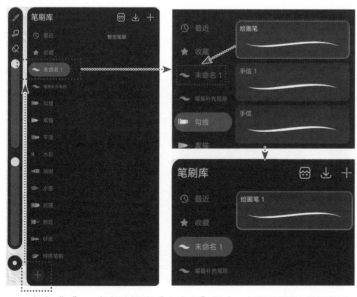

点击"+",会自动新建"未命名"组合,长按需要的笔刷拖曳到组合内,即可完成分组。

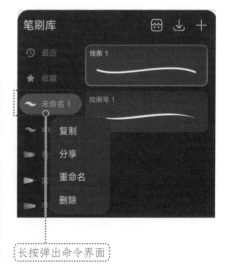

长按弹出命令界面

长按组合名称,可以分别执行"复制"、"分享"、"重命名"和"删除"等命令。

3.3.4 组合画笔

将画笔库中的画笔进行组合，可形成新的笔刷效果。与图层的组合不同的是，画笔的组合可以随时取消。

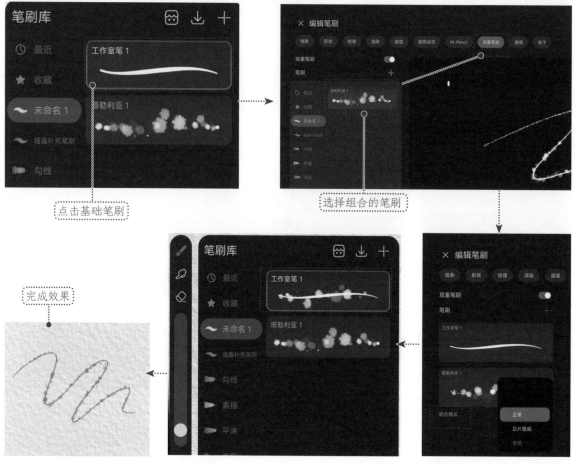

点击需要制作的笔刷，打开"编辑笔刷"界面，然后点击"双重笔刷"并选择另一个需要组合的笔刷，选择"混合模式"，双重笔刷就制作完成了。

个性化设置

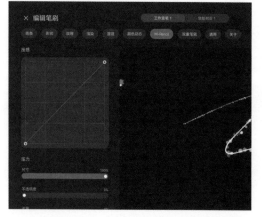

双重笔刷也可以像普通笔刷一样进行个性化编辑。

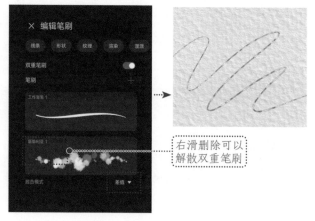

改变"混合模式"可以得到不同的笔刷效果。

3.3.5 画笔轮廓

开启"绘制时显示画笔图章轮廓"后，在画笔触碰画布时，会出现笔刷的轮廓形状。

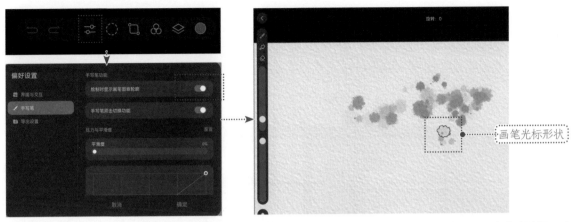

点击"操作">"偏好设置">"手写笔"，开启"绘制时显示画笔图章轮廓"，回到绘画界面中随意选择一支画笔并在画布中进行涂抹，会发现画笔的周围有不规则的线条。该线条的形状可根据涂抹力度、方向的改变进行变化。

试一试，保存画笔设置，让绘画更加高效！

当我们在绘制一些描边插画时，画面中需要出现粗细一致的线条，此时可以将画笔尺寸和不透明度设置进行保存，方便后续使用。

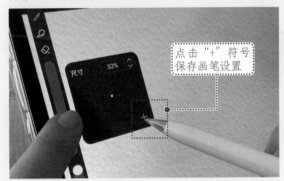

1.点击画笔，选择笔刷，滑动左边画笔尺寸按钮并长按，点击笔刷右下角的"+"光标。

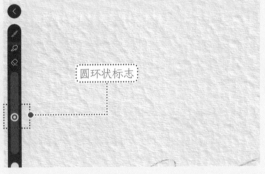

2.保存此画笔尺寸成功后，检查画笔尺寸调节界面是否有一个圆环状标志。

3.当尺寸光标移动，设置好的尺寸会以小点的形式保留在尺寸调节栏。不透明度的调整同理。

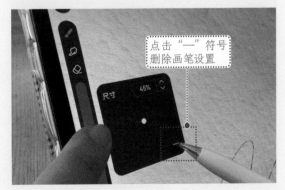

4.长按不需要的画笔设置，点击右下角"一"删除。

3.4 常用的手势

为了更加快捷地使用软件，"天生会画"中设置了许多手势快捷操作，可提高用户工作效率。下面介绍基本的默认手势和自定义手势。

3.4.1 主界面手势

主界面手势的功能主要是更加方便、快捷地管理作品文件、移动文件等。

合并到文件夹

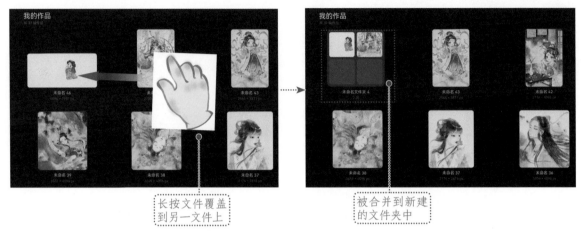

长按绘图文件并将其拖曳至另一个文件中，待底层文件高亮显示后松手，此时两个文件会被置于一个新建的未命名文件夹中。

将文件夹内的文件长按往外拖曳，可以解散文件夹。

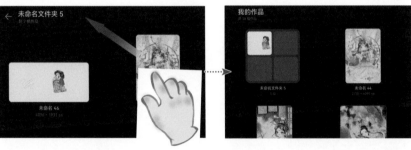

移动

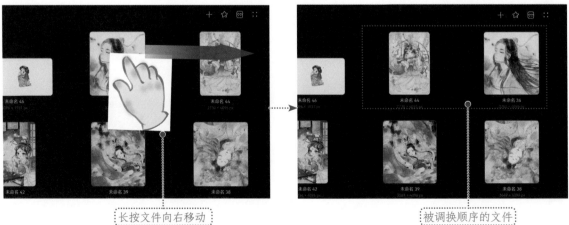

长按绘图文件可以对其进行移动，以改变作品的显示顺序。

快捷管理文件

移动文件夹

分享成各种格式

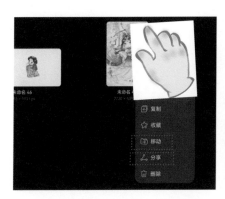

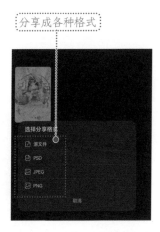

　　长按绘画文件后会弹出"重命名""复制""收藏"等选项，便于文件的管理。其中"移动"可以直接移动文件到其他文件夹，"分享"有多种格式可以选择。

3.4.2 画布界面手势

　　画布控制主要有移动、缩放、旋转等几个常用手势，掌握其用法可以提升创作时的灵活性。

移动

　　双指点击屏幕后不松开，并向任意方向进行挪动，此时画布也会随着手指移动的方向进行移动。

缩放

　　双指向内捏合或向外展开，对画面进行缩放，以改变画布的大小。

旋转

　　双指放在画布上，转动手指即可转动画布，这样方便用户在绘制时找到合适的角度。

画布还原

　　双指快速向内捏合，并快速松开，动作要快，此时画布会自动缩放到合适的大小。

3.4.3 绘画手势

便捷的手势能辅助我们高效地作画。下面主要介绍一些常用的手势操作。

撤销、重画

双指轻点撤销

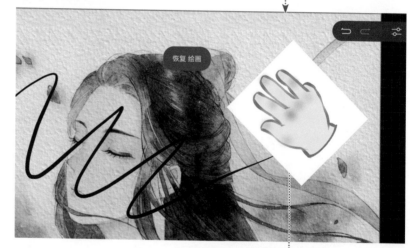

双指同时在画布上轻点即可撤销前一个操作。当撤销过多时,只要三指轻点画布就能重做之前的操作。

三指轻点以重做

全屏手势

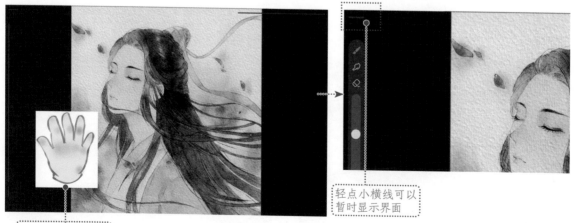

轻点小横线可以暂时显示界面

四指轻点打开全屏

当想让界面干净,没有多余的操作键时,可以四指轻点屏幕,打开全屏模式,再次用四指轻点即可返回界面模式。

切换工具

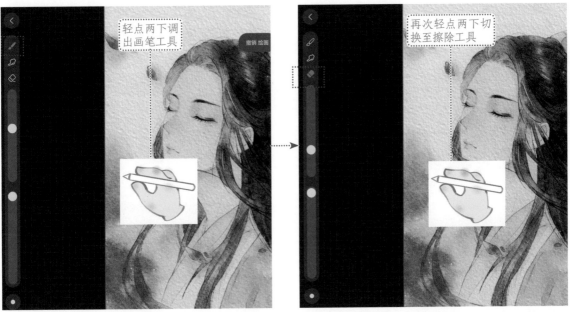

　　用手指轻点两下笔杆侧边的扁平处，能调出画笔工具，当再次轻点两下后，能切换至擦除工具。注意轻点两下切换至画笔工具与擦除工具为软件的默认设置。

手写笔双击功能设置方法

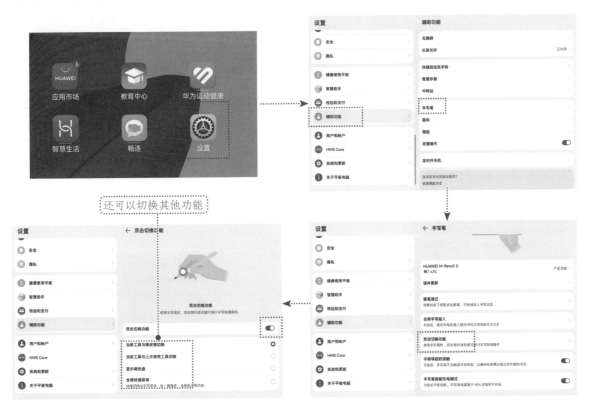

　　点击平板电脑的"设置">"辅助功能">"手写笔">"双击切换功能">打开"双击切换功能"。用户除了切换画笔和橡皮擦工具以外，还可以根据自己的需求切换其他功能。

3.4.4 图层快捷手势

在图层面板中，用手指操控图层能减少点选的时间，也能有效提高工作效率。下面介绍软件的默认手势。

移动图层顺序

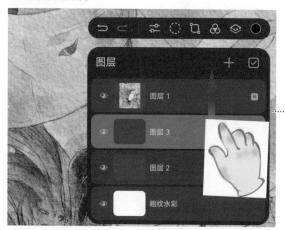 

长按图层后，该图层将高亮显示，此时按住不松手，并且拖曳图层，就可以上下移动图层的位置。

解散组合

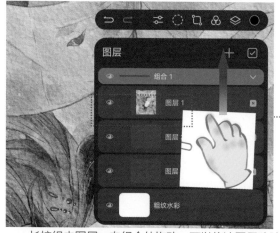 

长按组内图层，向组合外拖动，可以将该图层移除此组合，重复该操作还能解散组合。将组外图层向内移动同理。

将组合内所有的图层移出后，会留下空白的组合，此时可以左滑删除。

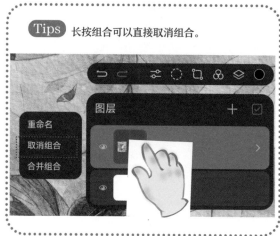

Tips 长按组合可以直接取消组合。

锁定、复制、删除

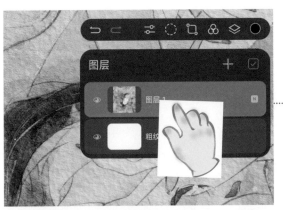 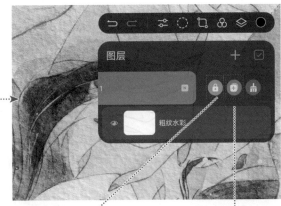

左滑图层，可以对图层进行"锁定"、"复制"和"删除"操作。

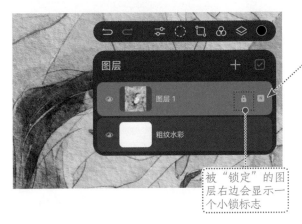 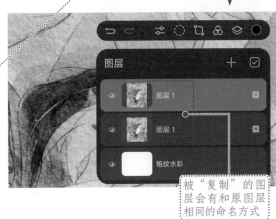

被"锁定"的图层右边会显示一个小锁标志

被"复制"的图层会有和原图层相同的命名方式

选中图层的方法

点击勾选符号

在圆圈内勾选需要选中的图层

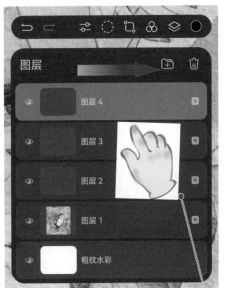

右滑图层

无论是点击右上角的勾选符号，还是直接右滑图层，都可以选中图层。

3.5 "天生会画"的"练习"功能

"练习"功能是"天生会画"针对新手独有的训练方法，通过"练习"功能，新手可以快速上手该软件。

3.5.1 下载最新预置作品

"天生会画"软件还在完善更新中，会不断更新各类功能，其中新案例作品可以在"设置"中进行下载。

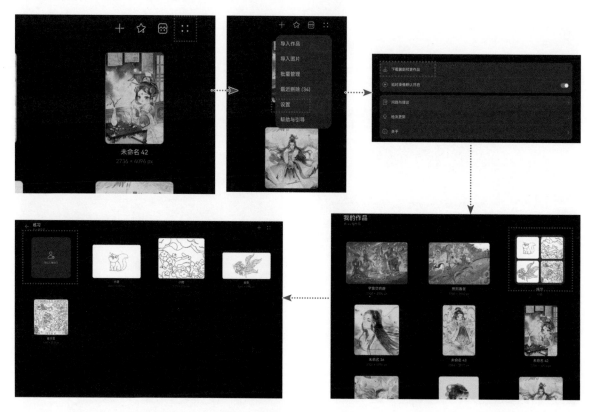

进入"我的作品"页面>点击"设置">"下载最新预置作品"，就可以将软件更新的作品下载下来。"天生会画"的"人像练习"功能就在"练习"文件夹中。

 Tips

通过"下载最新预置作品"的方法，可以重复下载图中的案例和练习作品。如果"练习"文件被不小心更改，可以用这个方法重新下载哟！

3.5.2 人像练习的 4 种风格

"天生会画"中的"人像练习"功能包含了4种风格，并且都可以直接生成线稿。

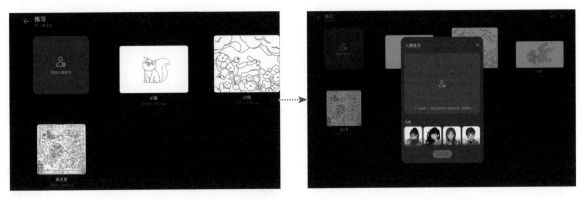

进入"练习">点击"添加人像练习">选中喜欢的风格>导入人像，就可以使用此功能。

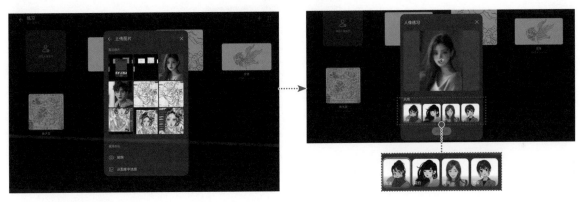

"人像练习"有"拍照"和"从图库中选中"两种导入方式，绘画风格有"活泼"、"简约"、"时尚"、"可爱"等4种可供选择。

线稿不满意可以重新获取，选择风格

导入人像之后就可以自动生成线稿了，点击"置入画布"可以自动生成一个带有线稿的新画布，点击"获取上色参考"可以自动置入颜色参考。

3.5.3 "练习"功能的使用

新手学会使用"练习"功能，可以大大加快熟悉软件进程。

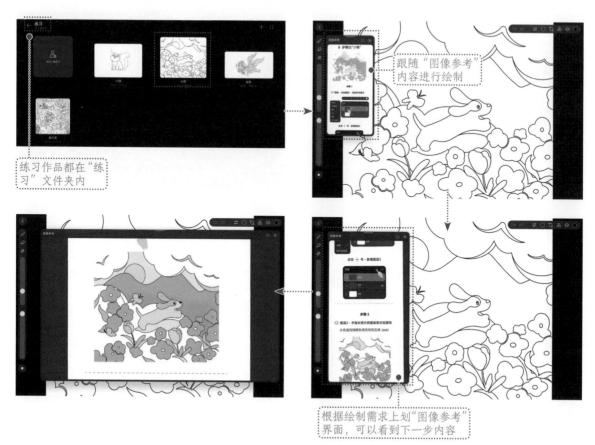

练习作品都在"练习"文件夹内

跟随"图像参考"内容进行绘制

根据绘制需求上划"图像参考"界面，可以看到下一步内容

打开"练习"文件夹，进入任一"练习"文件，打开文件之后"图像参考"功能会自动被打开，参考内容以长条图方式呈现，包含了操作步骤和操作方法，跟随步骤进行操作，就能在完成一张简单作品的同时熟悉"天生会画"软件的操作。

除"练习"外，"天生会画"内置的"帮助与引导"也起到相同的帮助新手入门的作用。

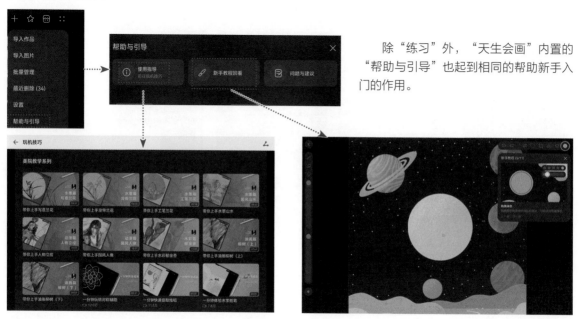

3.6 绘画指引的基本操作

　　绘画指引中有辅助绘图的网格、对称工具等，能辅助用户画出平滑完美的线条，在绘制时起到对齐、确定比例等参考作用。

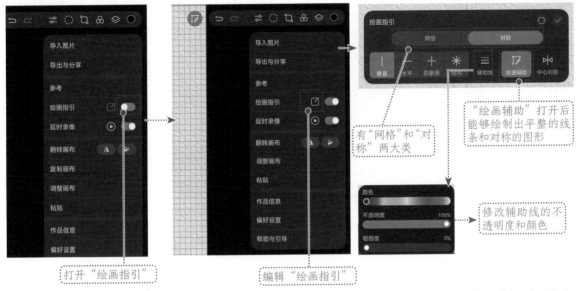

有"网格"和"对称"两大类

"绘画辅助"打开后能够绘制出平整的线条和对称的图形

修改辅助线的不透明度和颜色

打开"绘画指引"

编辑"绘画指引"

　　点击"操作">"绘画指引">打开"绘画指引">点击"编辑"，可以编辑"绘画指引"。"绘画指引"包含"网格"和"对称"两大类，可以应对不同的个性化需求。用户可以根据自身需求设置"辅助线"和是否打开"绘画辅助"，如果不打开"绘画辅助"，"绘画指引"仅作为参考线存在。

3.6.1 网格

　　网格适合创建平面图形，能保持精准的比例，并且利用"绘画辅助"功能可以快速画出平滑、完美的线条。

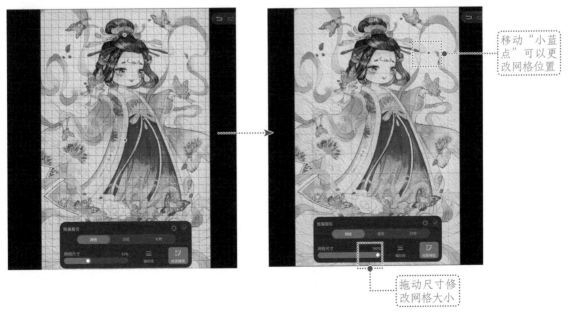

移动"小蓝点"可以更改网格位置

拖动尺寸修改网格大小

　　"网格"中有大小均匀的格子，可以用来绘制一些平面化的几何图形，或者用于绘图时帮助寻找比例。先打开"绘画指引">"编辑">"网格"，调整合适的网格尺寸，并将"绘画辅助"打开，即可进行绘制。

三点五头身
的人物比例

点击"辅助线"修改合适的辅助线颜色和不透明
度，帮助绘画时更加轻松地进行参考。

打开"绘画辅助"，笔触会紧随网格画出平滑的
线条，可以用于绘制人物比例或者绘制网格纹样。

Tips

当不需要"绘画辅助"时，有两种关闭方法。一种是点击"操作">关闭"绘画指引"；另一种是直接点击画面右上角的
"绘画辅助"图标来进行关闭。

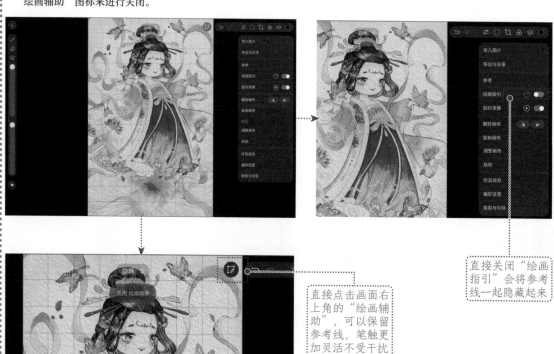

直接点击画面右
上角的"绘画辅
助"，可以保留
参考线，笔触更
加灵活不受干扰

直接关闭"绘画
指引"会将参考
线一起隐藏起来

3.6.2 透视

利用透视工具，可以帮助绘制出需要准确透视关系的作品，如建筑、模型等。

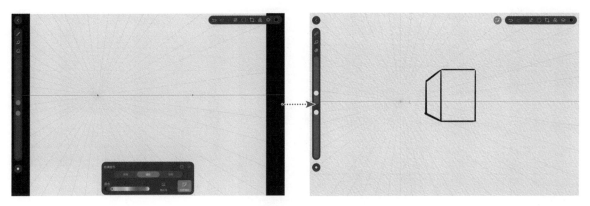

"一点透视"指画面中只有一个消失点，通常用于表达简单的近大远小。

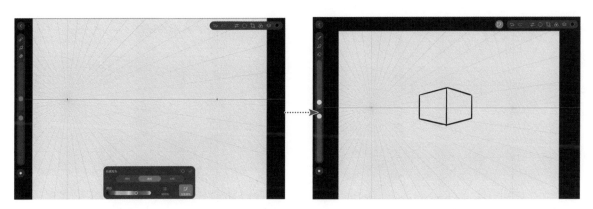

"两点透视"指画面中有两个消失点，同样可以表达物体的立体感，"两点透视"的立体感要大于"一点透视"。

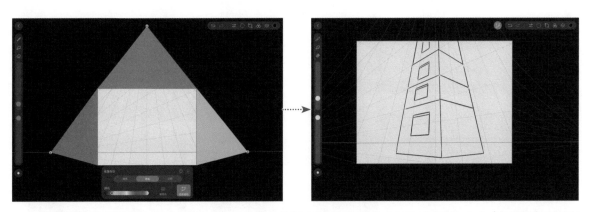

"三点透视"指画面中有三个消失点，除了基本的近大远小，还有上大下小或者下大上小（根据视角不同而产生变化），"三点透视"的立体感要大于"一点透视"和"两点透视"。

3.6.3 对称

利用对称指引工具，可以画出对称的线条，产生镜面效果。该工具可以用于绘制对称的画面，也可用于表现丰富的纹样图案。

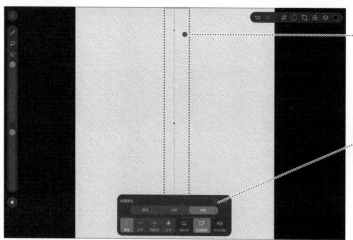

通过拖曳两点调整对称轴的位置和方向

在"绘画指引"中选择"对称"，下方有"垂直"、"水平"、"四象限"、"径向"4种模式。

"对称"工具的使用方法

在辅助线左边绘制的图形会同样出现在辅助线右边

"垂直"与"水平"、"四象限"、"径向"的用法类似，在中轴线任意一边绘画，另一边都会呈现对称的图形。

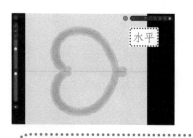
水平

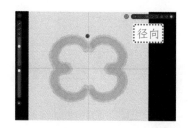
径向

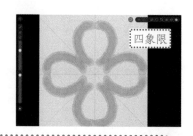
四象限

Tips

"对称"中的"中心对称"关闭时，辅助线两边图形呈轴对称，打开时呈中心对称。

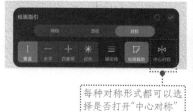

每种对称形式都可以选择是否打开"中心对称"

"中心对称"打开

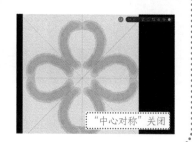
"中心对称"关闭

3.7 复制的基本操作

复制的方式有很多，除了图层中显示的"复制"选项外，还有其他复制方法，可以根据自己的需求选择合适的复制方法。

3.7.1 复制图层

用于整个图层的复制，以及此图层的跨画布复制。

复制成功的图层

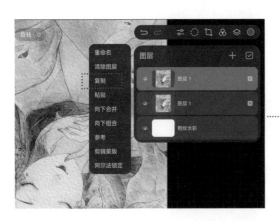
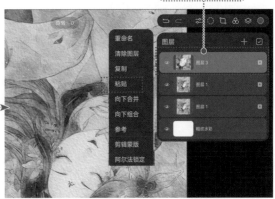

选择需要复制的图层，点击"复制"，此时画布不变，再点击"粘贴"，图层就会被复制。

3.7.2 复制选区

用于选区的复制，以及此选区的跨画布复制。

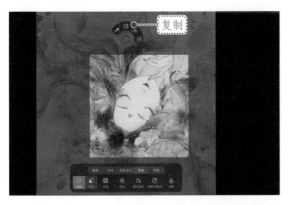
复制

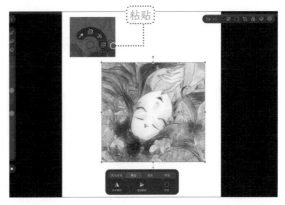
粘贴

点击"选区"工具，选择需要复制的区域>点击"工具环"中的"复制">点击"工具环"中的粘贴，被选中的选区就被成功复制下来了。

Tips

点击完"复制"之后不要马上粘贴，回到"我的作品"页面，点开需要粘贴的画布，或者新建画布，然后再点击"粘贴"。这样就完成了跨画布的复制。

选区或图层都可以直接复制到新画布

两种方法都可以

75

3.8 导出的基本操作

导出作品的两种方式，以及透明底图片的导出方法。

3.8.1 导出作品的两种方式

导出作品分为"我的作品"页面导出和"编辑"页面导出两种方式。

在"编辑"页面点击"操作">"导出与分享"，选择需要的文件格式导出。

导出后的作品可以发送到各个社交平台或者直接保存到设备中。

在"我的作品"页面长按作品>"分享"，选择需要的文件格式导出。

3.8.2 透明底图片的导出方式

导出作品时选择"PNG"格式，并关闭背景图层，可以导出成透明底图片。

关闭"小眼睛"

关闭背景图层，点击"操作">"导出与分享">"PNG"，就可以将作品导出成透明底的图片。

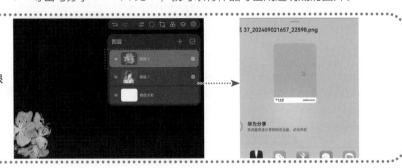

Tips

导出时打开哪个图层的"小眼睛"，哪个图层就会被导出。

第四章

"天生会画"的高阶使用方法

　　了解常用的高阶绘画技巧，可以在实际绘画过程中高提高效率。下面跟随本章一起来学习"天生会画"的高阶使用技巧吧！

4.1 如何参考图片作画

新手在练习时常常需要参考照片或者其他优秀作品。下面将介绍3种添加参考图的方式供大家选择。

4.1.1 使用"参考"功能

在用"天生会画"绘制作品时，利用参考功能进行临摹、吸色，可以帮助提高绘画效率。

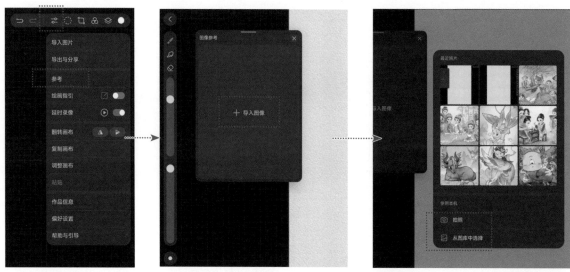

在编辑页面点击"操作">"参考">"导入图像"，然后根据自己的需求选择直接拍照或者从图库中选择准备好的图片导入即可。

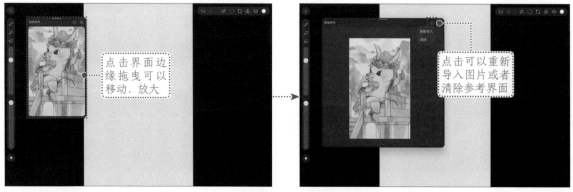

点击界面边缘拖曳可以移动、放大

点击可以重新导入图片或者清除参考界面

根据实际需求可以对参考界面进行移动、放大等操作，当不需要参考时，点击参考界面右上角的"×"即可关闭参考界面。

Tips

在"参考"窗口中任意触碰画面并长按，吸取照片中的颜色。这样能快速找出照片中的颜色，使选色操作更加方便快捷。

长按画面直至弹出色相环

4.1.2 插入照片和分屏

除了"参考"窗口以外，还可以通过分屏、插入图片的方法将照片放置在画面中，起到参考的作用。

插入图片参考

点击"操作">"导入图片"，即可插入需要用于参考的图片，还可以根据需求调整被插入图片的大小。

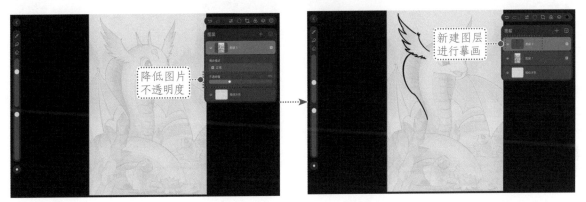

对于新手来说，通过调低图片的不透明度，再在参考图片上新建图层进行摹画可以大大降低绘画的难度。

分屏参考

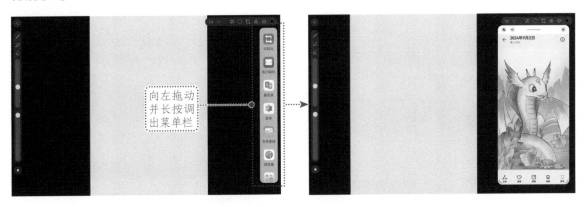

"分屏"是华为用户常用的操作，现在同样可以用于"天生会画"，分屏参考的特点是可以快速更换参考内容，甚至可以直接打开互联网搜集素材参考。

试一试,利用参考来进行临摹练习吧!

1.点击"操作",打开"参考"。

2.点击"导入图像">"从图库中选择"。

3.导入需要的图片,并将参考界面调整到合适的大小。

4.根据参考图片绘制线稿。

5.长按参考图片进行吸色,并为线稿上色。

6.重复吸色和上色的步骤,直至完成作品。

4.2 快速抠图的技巧

在使用电子设备绘画时，抠图是最常用的技法之一。学会以下抠图工具的用法，让绘画更加轻松。

4.2.1 魔棒工具

抠图可以不用橡皮擦一点一点地擦掉背景色，使用下面的操作可以快速将画面中的元素提取出来，并抠掉背景色。

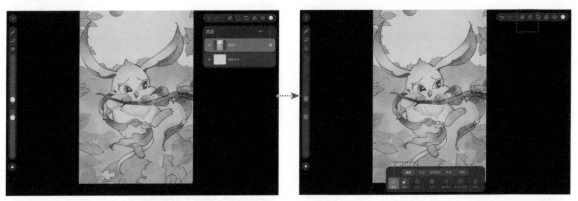

如上面左图所示，该图片为图片模式，没有分层，整个画面位于一个图层中。点击"选区"，选择魔棒工具。

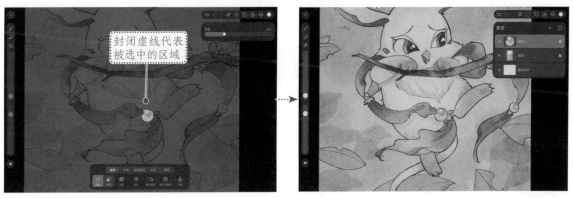

手写笔点击想要选取的区域，魔棒工具会自动选取出完整的图形，点击"复制为图层"可将选取内容快速抠出来。

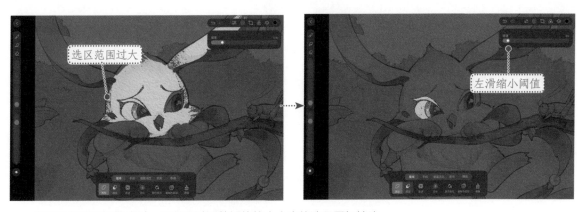

当选区范围不够精确时，可以通过调整阈值的大小来使选区更加精确。

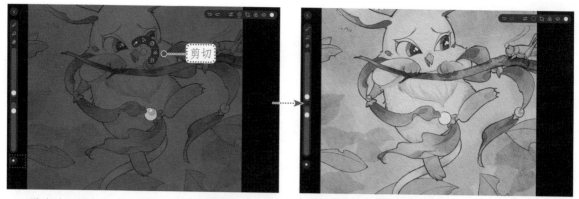

选中选区后点击"工具环">点击"剪切",但不进行粘贴,可以删除选区内容。

Tips

抠图时记得关闭"颜色填充",否则颜色面板中此时的颜色会被直接填充在选区内。

颜色面板中此时的颜色会被直接填充到选区

4.2.2 反选

根据选取内容的难易程度不同,可以先选中不需要的内容,然后一键反选,达到事半功倍的效果。

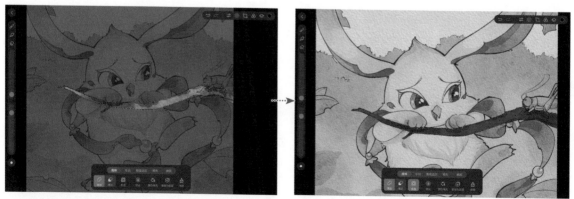

例如想要选中图中除树枝外的所有内容时,可以先选中树枝,然后点击"反选",图中的其他区域就会快速被选中。

4.2.3 智能选区

智能选区能够自动识别图片中的物体形态，快速选中所需内容。

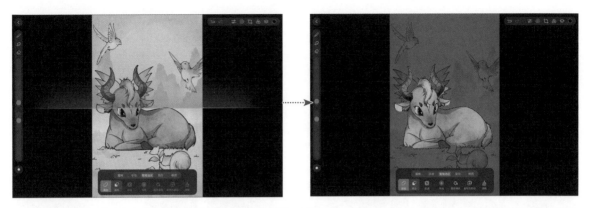

打开选区工具后点击"智能选区"，软件自动扫描画面内容，扫描完成后点击或者框选需要的内容就可以自动选中内容。

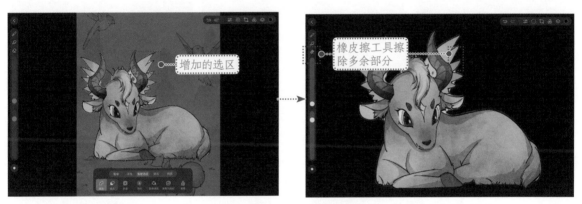

二次点击或者框选画面还可以增加被选中的区域，多余的被选中内容可以用橡皮擦进行擦除。

> **Tips**
>
> 复制选区内容并对其进行"羽化"，可以虚化物体边缘，使物体与画面融合得更加自然。
>
>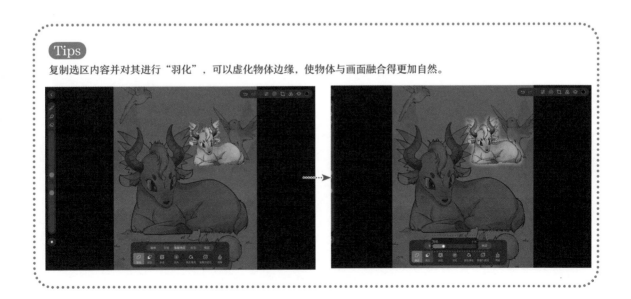

4.3 快速描边的技巧

物体的轮廓边缘不需要用勾线工具一笔一笔描，学会使用恰当的描边技巧，画面效果更加高级。

4.3.1 羽化描边

使用羽化工具可以做出边缘柔和的描边效果。

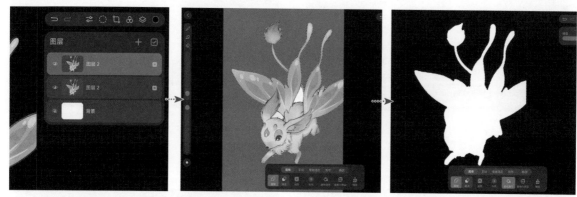

将作品图层复制一层>用"魔棒"工具选中图层内容>点击"颜色填充"，在颜色面板选择需要的描边颜色，可以更换填充的颜色。

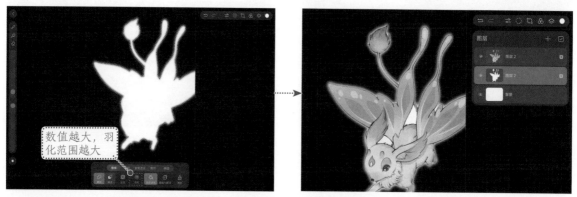

关闭原图层，对复制图层点击"羽化"，根据羽化范围选择合适的数值，然后打开原图层，将其置于被羽化的图层之上，此时就可看到柔和的描边效果了。

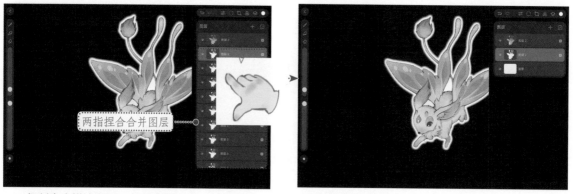

复制多个描边图层，然后将其合并，就会得到一个边缘清晰的描边。

4.3.2 "高斯模糊"描边

使用"高斯模糊"工具可以快速对物体边缘进行描边。

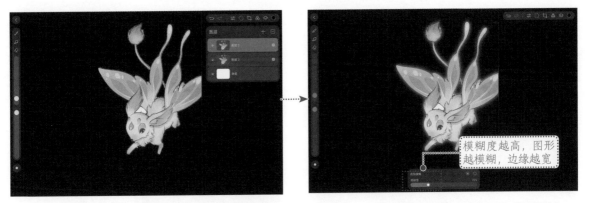

将作品图层复制一层并关闭原图层,对新图层进行"高斯模糊",根据模糊的效果选择合适的"模糊度"。

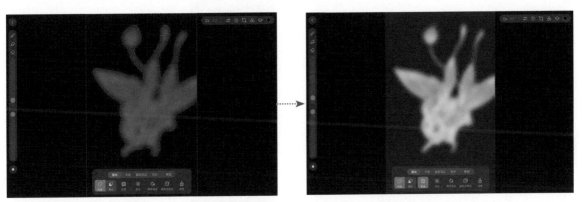

点击"选区">"魔棒",点击画面空白区域,然后点击"反选",选中画面内容。

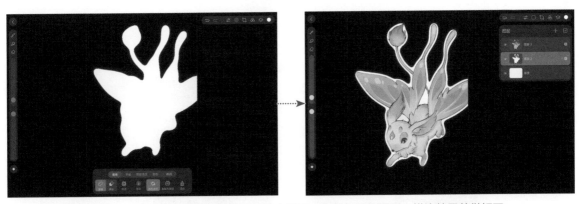

点击"颜色填充",选择喜欢的描边颜色进行填充即可,最后打开原图层,描边效果就做好了。

4.4 渐变上色技巧

渐变是上色时最常用的技法之一，表现渐变的方式有很多，接下来介绍3种实现渐变效果的方法。

4.4.1 用画笔与涂抹表现渐变

画笔与涂抹都是通过笔刷来表现颜色的渐变，是最基础的方法，新手可以通过这两种方法练习运笔轻重的掌控。

画笔画出渐变

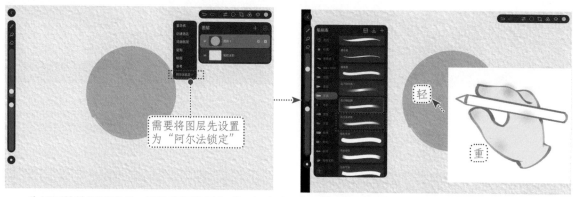

先用画笔绘制出底色，再将图层设置为"阿尔法锁定"，接着用柔软圆润的画笔在底色上由轻到重进行绘制，此时就能画出渐变的效果了。

涂抹渐变

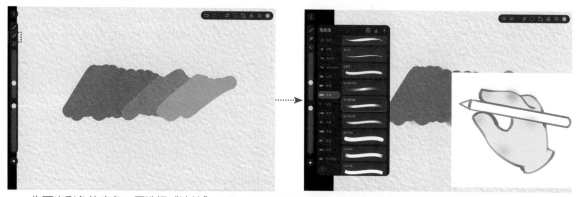

先画出彩色的底色，再选择"涂抹"工具，用柔软圆润的画笔对色彩交界处进行涂抹。

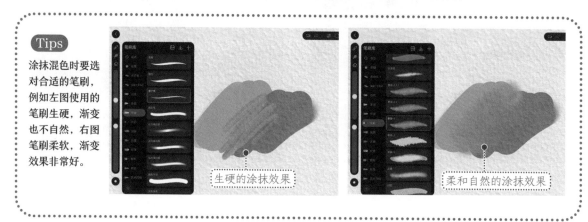

Tips

涂抹混色时要选对合适的笔刷，例如左图使用的笔刷生硬，渐变也不自然，右图笔刷柔软，渐变效果非常好。

生硬的涂抹效果

柔和自然的涂抹效果

4.4.2 通过模糊处理实现渐变

通过模糊处理将多个颜色模糊出柔和的渐变效果,相关参数的设置会影响渐变衔接的程度。

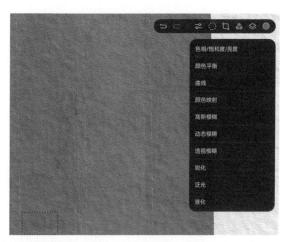

先绘制出色彩变化丰富的色块,然后点击"调整"选择"高斯模糊"或者"动态模糊",画笔左右移动让模糊的效果达到想要的渐变效果即可。

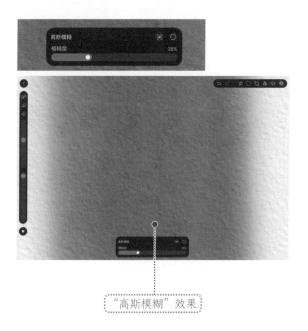
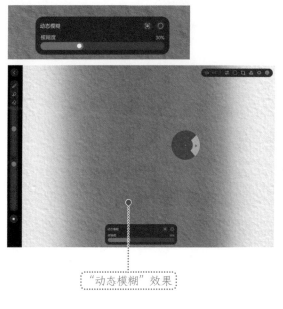

"高斯模糊"效果

"动态模糊"效果

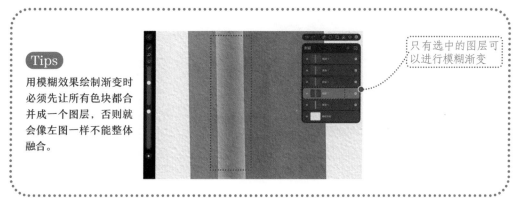

Tips

用模糊效果绘制渐变时必须先让所有色块都合并成一个图层,否则就会像左图一样不能整体融合。

只有选中的图层可以进行模糊渐变

4.4.3 渐变的笔刷

用笔刷直接画出渐变的效果，这种方式适用于绘制一些渐变的字体、图案或者笔刷自带的肌理效果。

单色渐变

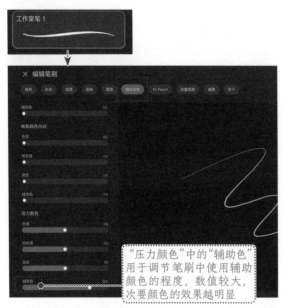

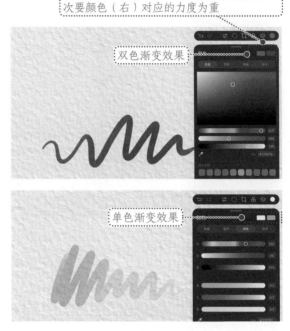

在绘制时主要颜色（左）对应的力度为轻、次要颜色（右）对应的力度为重

双色渐变效果

单色渐变效果

"压力颜色"中的"辅助色"用于调节笔刷中使用辅助颜色的程度，数值较大，次要颜色的效果越明显

单色渐变的笔刷可以在画笔库中选择"颜色动态"，将"压力颜色"中的"辅助色"调至80%。这样在绘制时，可以通过控制力度轻重画出渐变的效果。这种笔刷的渐变适合绘制一些带有肌理效果的插画。

多色渐变

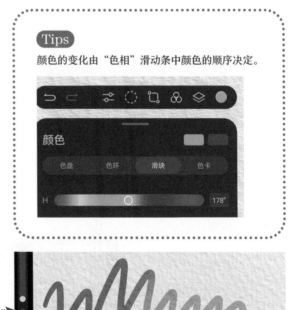

Tips

颜色的变化由"色相"滑动条中颜色的顺序决定。

多色渐变一般和色相有关，因此打开画笔库中的"颜色动态"，将"压力颜色"中的"色相"调至60%～75%，此时用不同的力度就能表现出颜色的变化。这种方法适用于丰富画面、营造氛围感、写出彩色文字等。

4.5 快速填色的方法

上色是插画中至关重要的部分，快速上色不仅能提高绘图效率，还能纵观画面的整体色彩。下面将介绍5种不同的上色方法。

4.5.1 拖曳填充

拖曳填充是最简单、最基础的填色方法，也是"天生会画"中使用频率最高的方法。接下来将介绍填充的步骤以及填充时需要注意的要点。

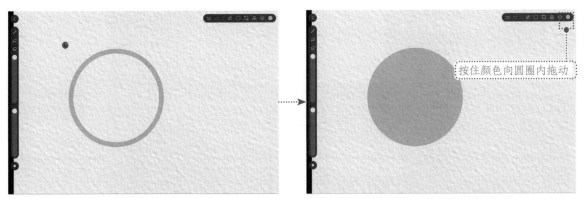

按住颜色向圆圈内拖动

先画出一个封闭的图形。再用画笔选择颜色，将其拖曳至图形中，此时颜色会自动填充至图形内。

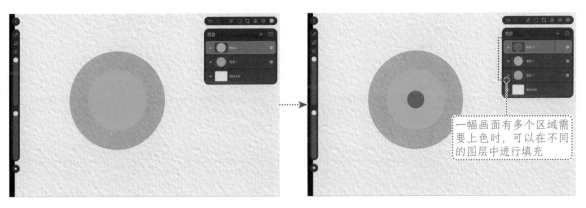

一幅画面有多个区域需要上色时，可以在不同的图层中进行填充

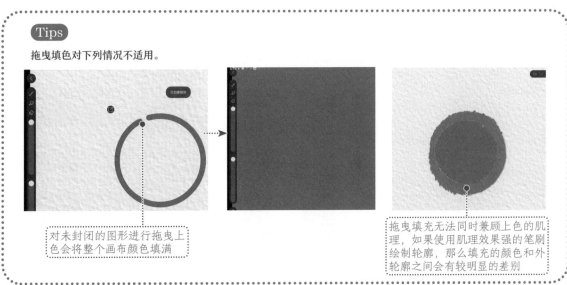

Tips

拖曳填色对下列情况不适用。

对未封闭的图形进行拖曳上色会将整个画布颜色填满

拖曳填充无法同时兼顾上色的肌理，如果使用肌理效果强的笔刷绘制轮廓，那么填充的颜色和外轮廓之间会有较明显的差别

4.5.2 阈值上色

阈值也叫临界点，简单点说，调整阈值可以将填充的图案边缘变成锯齿状或者顺滑状。

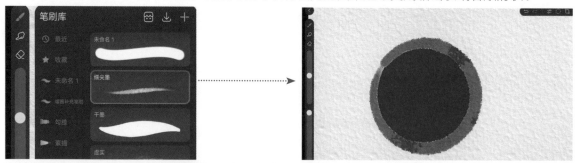

当用一个带有笔触效果的笔刷画出图形时，填色部分与边缘轮廓会形成锯齿状。

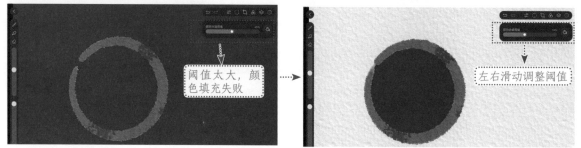

滑动"颜色快填阈值"可以使交界处变得更圆润，但是阈值过大会使填充失败，需要不断左右滑动调整。

4.5.3 自动填充

自动填充通过选区工具中的"颜色填充"来给图形上色。这种方式快捷且好操控，但同样需要有闭合的线条。

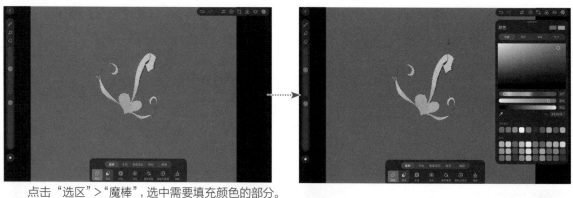

点击"选区">"魔棒"，选中需要填充颜色的部分。

然后在右上角"颜色面板"中选择需要填充的颜色，点击"颜色填充"后轻点画面就可以完成填充。

4.5.4 参考上色

参考上色是所有上色方法中较为常用的一种,操作时可以将线稿图层与上色图层分开,以方便后期修改。

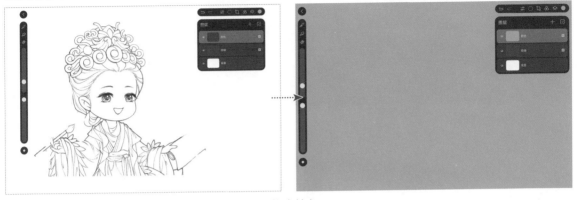

直接在线稿图层上新建一个图层填色,无法使用拖曳填色。

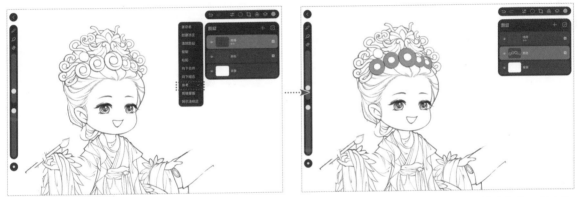

新建一个上色图层,放置在线稿图层下面,并且将线稿图层设置为"参考",此时只需要拖曳颜色至填色区域,就可以直接填色。

4.5.5 渐变映射

渐变映射能自动分析图像中的高光、中间调及阴影部分,无论是黑白图像还是彩色图像都能使用该功能,不过需要画面中有一定的黑白灰关系。

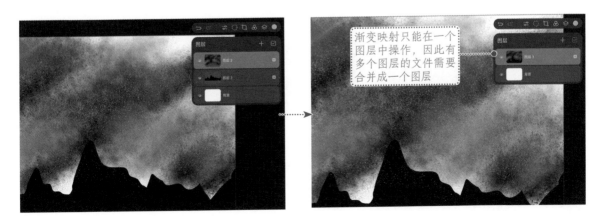

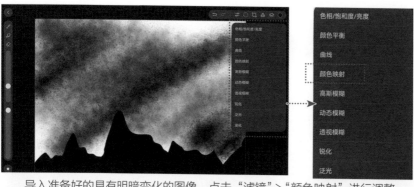

导入准备好的具有明暗变化的图像，点击"滤镜">"颜色映射"进行调整。

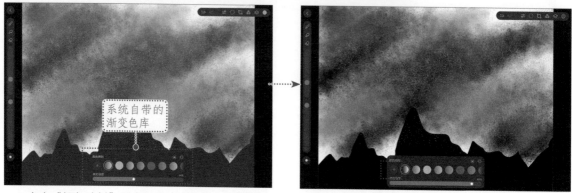

点击"颜色映射"后会出现一个色库，随意选择一个效果进行应用会发现黑白的图像变成了彩色，并且有了一定的明暗关系。点击左边的"+"可以添加自定义色库，自行选择想要的颜色并添加。

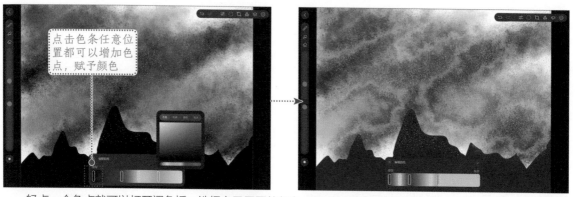

轻点一个色点就可以打开调色板，选择自己需要的颜色，轻点其他区域可以添加色点，色点的位置可以左右移动。

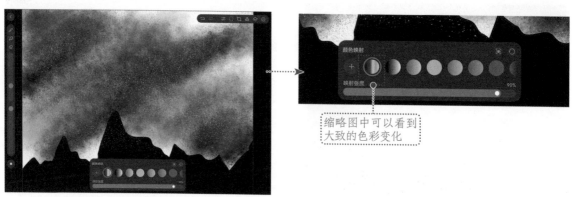

点击自己编辑的颜色查看最终效果，左右滑动"映射强度"能改变画面整体颜色的饱和度。

4.6 阿尔法锁定

"阿尔法锁定"能锁住图层中的绘画区域,以便对画面中的细节进行修改。这种方式常用于为画面进行局部换色、光影绘制等。

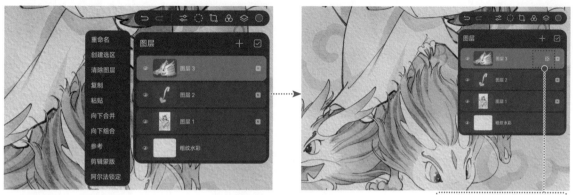

点击图层,选择"阿尔法锁定",可以将图层内的绘画内容锁定。

设置了"阿尔法锁定"的图层会呈现网格状图标

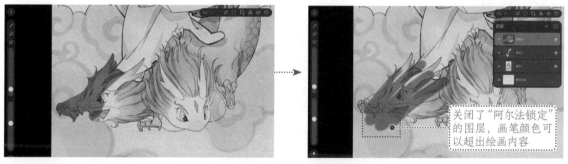

在设置了"阿尔法锁定"的图层上绘画,颜色不会超出被锁定的范围。

关闭了"阿尔法锁定"的图层,画笔颜色可以超出绘画内容

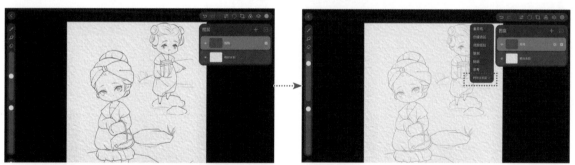

在实际绘画过程中,常常会修改线稿颜色,此时借助"阿尔法锁定"可以大大提高效率。

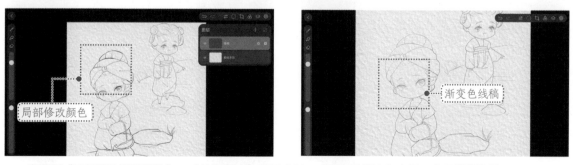

局部修改颜色

渐变色线稿

当遇到"局部修改线稿颜色"、"绘制渐变"等需求时,"阿尔法锁定"也是一个不错的选择。

试一试，用阿尔法锁定绘制暗部阴影！

1.在"天生会画"中打开原图。

锁定需要绘制阴影的部分

2.将需要添加阴影的人物部分进行"阿尔法锁定"。

3.选择合适的笔刷，这里选择的是模拟水彩质感的"平涂"笔刷。

4.手指长按吸取阴影所在区域的固有色。

5.在吸取到的固有色的基础上调整阴影的颜色。降低固有色的明度和饱和度，就能得到一个自然的阴影色。

6.对画面中其他部分重复此操作，直到画完所有的阴影为止。

4.7 剪辑蒙版的使用

打开"剪辑蒙版"功能后，上方图层会依附在下方图层上，此时绘制的范围会根据下方图层的内容来设定。图层列表中的任意图层都可以转换为"剪辑蒙版"图层。

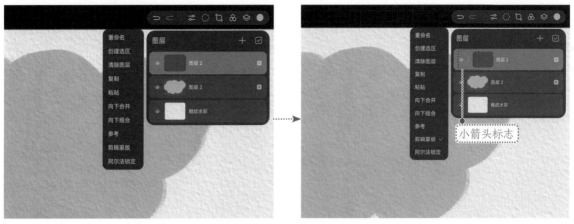

选中图层，点击"剪辑蒙版"，此图层就会依附于下方相邻的图层，并且会出现一个小箭头的标志，表示两个图层之间的关系。

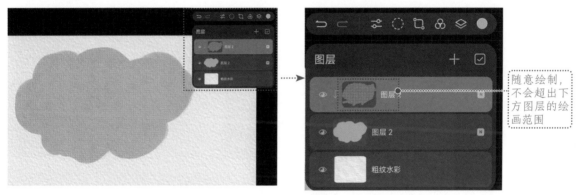

"剪辑蒙版"是独立的图层，在调整过程中不会对原图层造成影响。

 Tips

"剪辑蒙版"和"阿尔法锁定"的区别在于，"剪辑蒙版"新建一个独立的图层依附于下方图层，所以不仅可以修改剪辑蒙版的形状位置，还可以不断新建剪辑蒙版；"阿尔法锁定"只能在图层上直接进行修改。

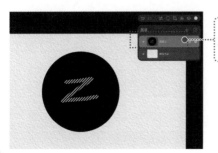

"阿尔法锁定"在同一个图层上修改

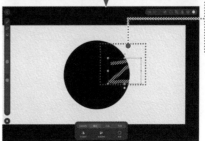

可以移动"剪辑蒙版"图层的位置

4.8 线条绘制的基本操作

初学者在绘制线条时手部容易抖动，从而导致线条不流畅。"天生会画"自带了线条修正功能来辅助我们在绘画时保持线条的流畅。

4.8.1 直线

在"天生会画"中，用户随意画出的线条都可以被立刻修正成笔直的线条。

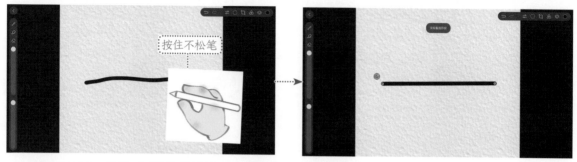

用笔尖画出一条线，不要急着松笔，停顿一下后线条会自动变成直线。

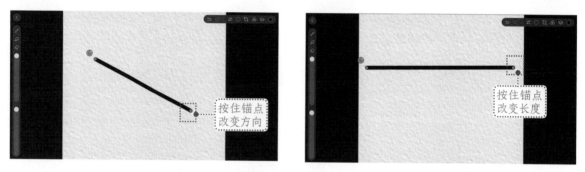

点击"编辑"后，画面中线条的两头会出现锚点。点击可以任意改变其方向和长短。

 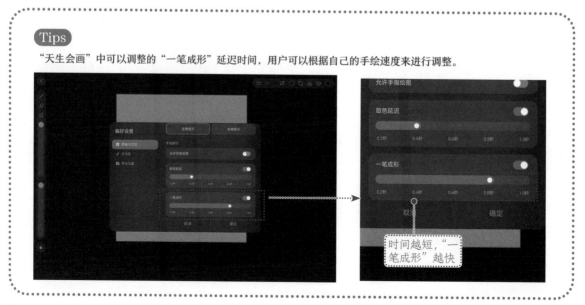

4.8.2 虚线

"天生会画"可以将画出的线条自动切换成虚线，在画笔工作室里可以调节虚线点的间距。

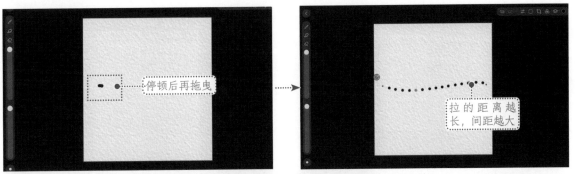

方法一：先用笔画出一条小短线，停顿片刻不松笔，接着向周围拉长，此时线条自动切换成笔直的虚线。

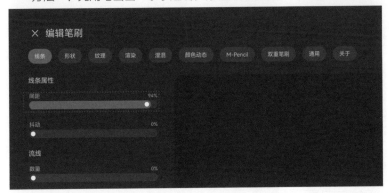

方法二：对任意画笔进行编辑，将"线条属性"中的"间距"值调大，这样画出来的线条都是虚线。

4.8.3 弧线

弧线的绘制方式与直线类似，在画布上绘制一段弧线后不松笔，线条会自动变得平滑，画完后可对弧线形状做调整。

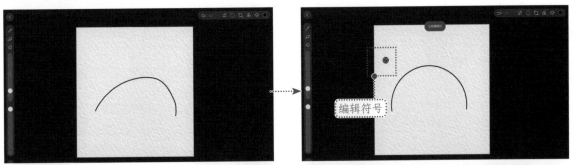

在画布中画出弧线后不松笔，弧线会自动变得圆滑。点击左上角的"编辑"符号可以对弧线进行编辑。

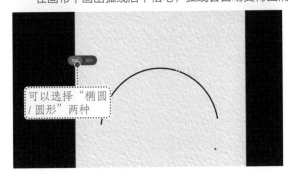

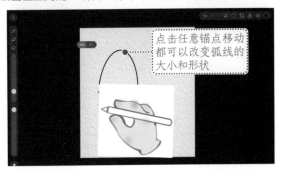

4.8.4 折线、波浪线

流畅的弧线和波浪线同样可以通过调整锚点来绘制。

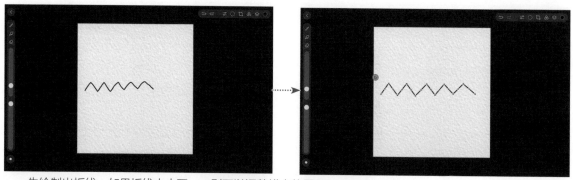

先绘制出折线，如果折线大小不一，则可以调整锚点位置。

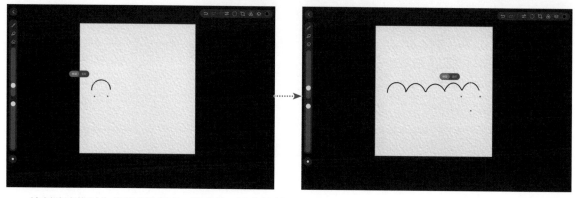

绘制波浪线时先分节点绘制出一段弧线，注意绘制时停顿3秒，让弧线自动修正，接着根据这个规律连续画出多段弧线，让它们成为一长串波浪线。

不同的应用

绘制笔直的背景建筑等

绘制流畅的弧线，如发丝

4.8.5 流畅的线条

除了要进行控笔练习外，我们还可以通过设置画笔参数来调节线条的稳定性，使画出的线条看上去流畅顺滑。

平滑的线条

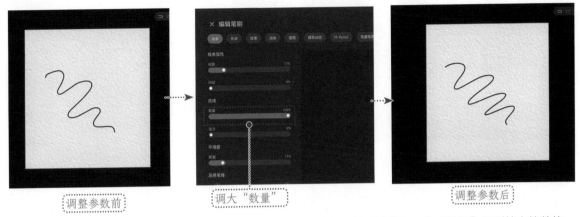

选择一个线条笔刷，点击进入"编辑笔刷"，点击"线条"中的"流线"，将"数量"调到较大的数值，"数量"越大，线条越平滑。

两头尖的线条

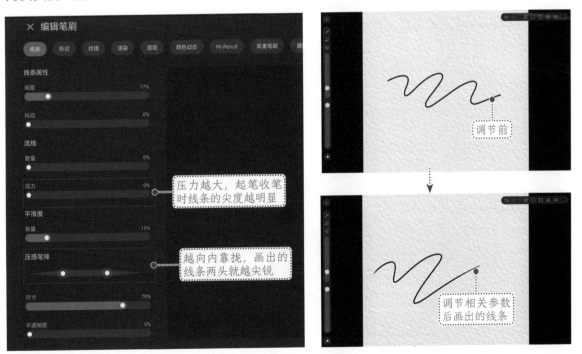

选择一个笔刷，点击"编辑笔刷">"线条"，将"压感笔锋"上的两个圆点向内拖动，此时线条两头会变得尖锐。

4.8.6 轻重变化的线条

线条的轻重变化主要是通过压感表现出来的，可模拟出手绘时用力按压和轻提画笔的效果，在"天生会画"里可以通过"偏好设置"中的"压力与平滑度"进行调节。

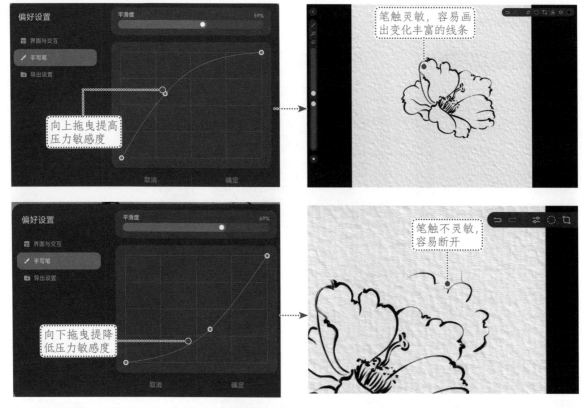

在"操作">"偏好设置">"压力与平滑度"中向上推动蓝色小圆点，改变压力敏感度，越往上，敏感度越高，相反则越低。"平滑度"数值越大，线条的平滑感越强，可帮助新手画出流畅的线条。

> ### Tips
>
> 在绘制一些较大的画面时，如果将画笔尺寸调到最大还是无法满足需求，可以点击"编辑笔刷">"通用">"尺寸/不透明度"中的"最大尺寸"调到较大的数值。此时回到画布界面，用画笔绘制图形能明显感觉画出的线条变粗。相反，调低"最小尺寸"的数值，画笔能变得更细。
>
>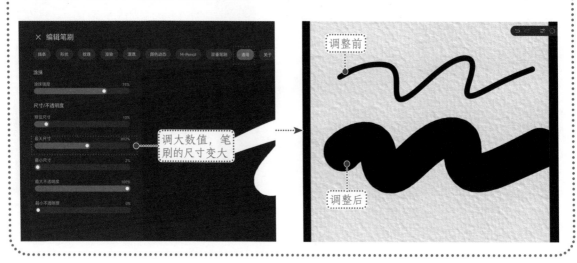

4.8.7 一笔成形

"一笔成形"是"天生会画"中最常用的功能之一，它能快速将画出的图形变成完美的形状，基本的圆形、矩形、三角形等可以依靠这个功能来完成。

圆形

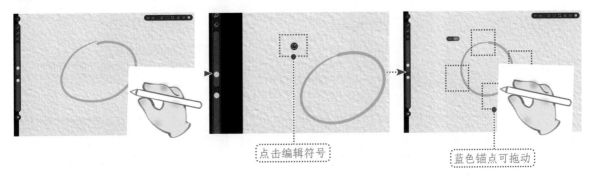

点击编辑符号　　　　　蓝色锚点可拖动

随意画出一个圆形后，不松笔，点击弹出来的"编辑"符号，此时可以选择"椭圆/圆形"，还可以对出现的4个锚点进行拖曳来改变形状。

三角形和矩形

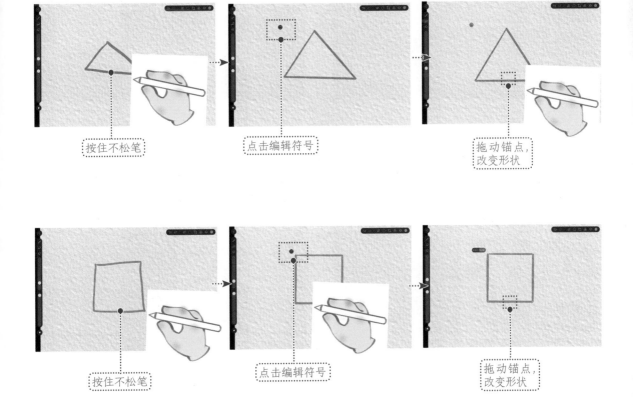

按住不松笔　　　　点击编辑符号　　　　拖动锚点，改变形状

按住不松笔　　　　点击编辑符号　　　　拖动锚点，改变形状

4.9 制作笔刷印章

印章是中国画中常用来落款的工具，在完成作品上盖印章不仅可以使作品更具中国风，还能增加作品的辨识度。

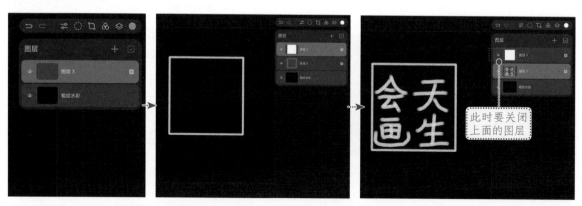

在画布上绘制出一个矩形，然后复制此图层并填充成白色。选择一个自己喜欢的笔刷在原图层写下印章内容，此时绘制的是印章的草稿。

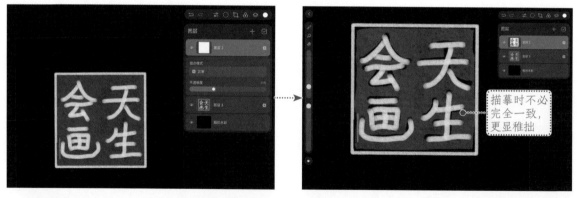

降低白色图层的不透明度，并使用橡皮擦工具根据刚刚的草稿图层进行描摹，注意此时橡皮擦工具要选择和刚才草稿一致的笔刷。

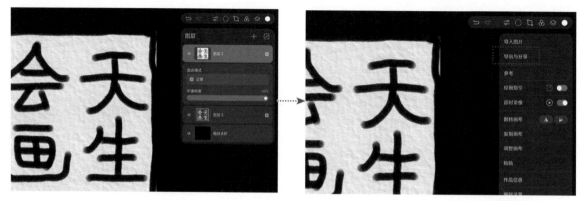

擦除完成后将此图层不透明度调高，并关闭下面的草稿图层，将画好的印章进行导出。

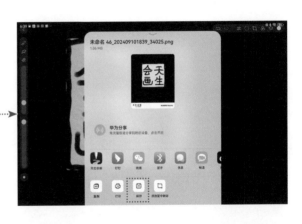

导出时选择"PNG"格式，将其保存到相册即可。

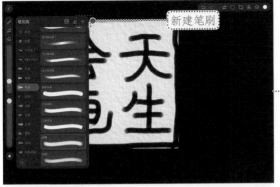

点开"画笔"工具，点击右上角的"+"号，新建笔刷。

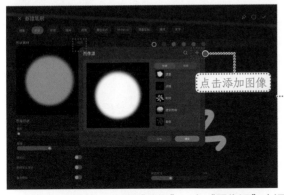

点开"形状"，点击"编辑"，在"图像源"中添加刚刚保存的印章图像。

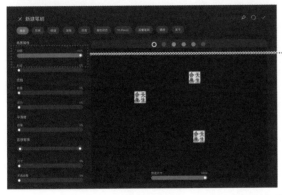

点击"线条"，将间距拉到最大，此时界面中只剩寥寥几个图像。

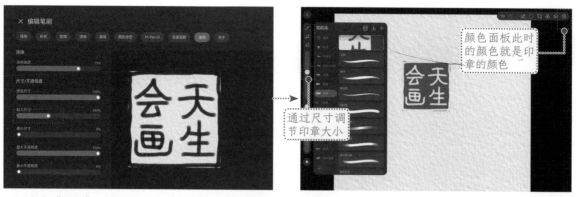

点击"通用"，将"最大尺寸"参数调高，直至界面中只有一个图像。然后回到绘画界面，点击笔刷库就可以看到刚刚新建的印章笔刷，选中该笔刷就可以在画布上盖章了。

4.10 巧用混合模式绘制立体感

在"天生会画"中，直接绘制阴影容易显得生硬，结合"图层混合模式"中的"正片叠底"进行绘制，画面效果会更加自然。

在完成图图层上方新建一个图层，并将图层混合模式更改为"正片叠底"。

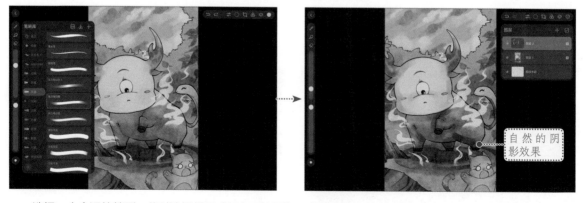

选择一个合适的笔刷，此时选择的是"压力硬边圆"。在新图层上绘制出的阴影会显得非常自然柔和。

4.11 设置水印

分享完成的作品时，可以带上水印，既能增加画面的完成度，又起到保护版权的作用。

4.11.1 "天生会画"导出水印

在"天生会画"中，可以在"操作"＞"偏好设置"中打开"自动添加水印"的选项，之后每一次导出的作品就都可以自带水印了。

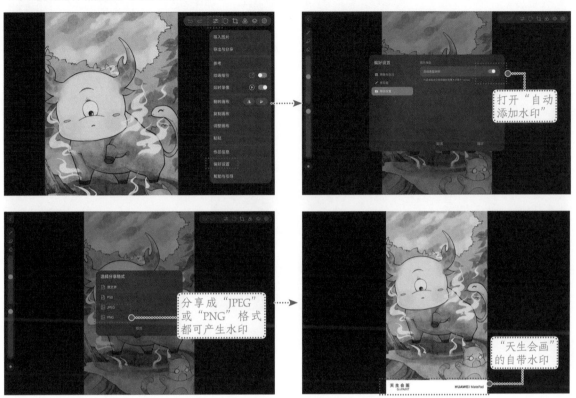

4.11.2 自制防盗水印

自制的带有凹凸质感的水印不容易被抹除，能更好地保护自己的知识产权。

用前面绘制好的印章笔刷先画出一个黑色的印章，然后将图层混合模式更改为"柔光"。

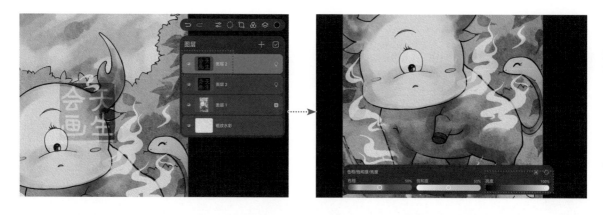

复制一个修改后的印章图层，点击"色相/饱和度/亮度"，将被复制的图层亮度提高到100%。

使用"变换"工具将调亮后的图层往左上微微拖曳，使原图层和调亮后的图层形成一个有立体感的水印。然后合并两个图层，凹凸质感的水印就制作好了。

第五章

挑战用"天生会画"绘制国风作品

本章作者将带领同学们使用"天生会画"的国风笔刷和纸纹，结合前面讲解到的软件技法，绘制带有国风特色的作品。

5.1 国风漫画：Q 版动物

　　绘制Q版动物的时候，通过借助"一笔成形"等功能绘制出圆润的线条来突出动物的可爱。

绘制重点

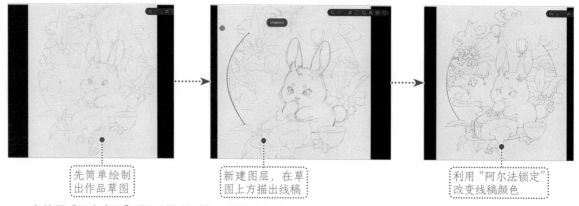

先简单绘制
出作品草图

新建图层，在草
图上方描出线稿

利用"阿尔法锁定"
改变线稿颜色

　　在使用"天生会画"进行创作的时候，常常结合"天生会画"自带的"一笔成形"功能，能将线条画得更加圆润；巧妙运用"阿尔法锁定"功能灵活改变线稿颜色。

重点步骤

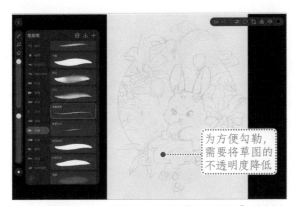

为方便勾勒，需要将草图的不透明度降低

1.新建一个水彩画布，选择"洇墨线条"绘制出作品的草图。

2.在草图图层上方新建一个线稿图层，选择"2B铅笔"进行勾线，勾勒出圆润细致的线稿。

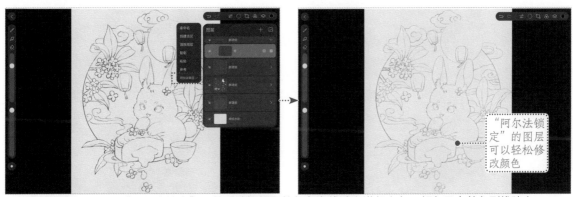

"阿尔法锁定"的图层可以轻松修改颜色

3.将线稿图层进行"阿尔法锁定"，然后选择想要的颜色在线稿上进行上色，颜色只会着色到线稿上。

Tips

使用"天生会画"绘制复杂的画面时一定要做好图层分类，至少要将图层分为"草稿"、"线稿"、"上色"、"细节"等，内容明确的图层更易操作、更易修改。

图层顺序

线稿的混合模式为"正片叠底"

复杂的画面可以建立多个图层进行勾线或上色，并将其进行组合

4.新建一个上色图层，使用"拖曳上色"的方法，为线稿中的各个部分铺上底色。

5.选择"压力柔边圆"笔刷，绘制月饼和茶杯的暗部颜色，并选择"压力硬边圆"为月饼点上高光。

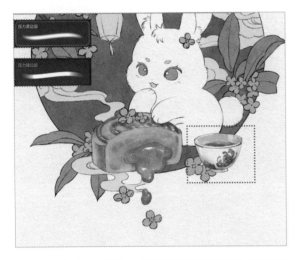

6.用相同的方法，继续刻画茶杯暗部的花纹和高光。

7.用"压力柔边圆"在桂花上点缀橙黄色，为桂花画上明暗变化。

Tips

绘制水彩风格作品时，用到的笔刷大致分为细线条笔刷、边缘形状明确的笔刷以及边缘形状柔和的笔刷，分别对应线稿、上色和晕染三个步骤。在绘画过程中以这个原则挑选笔刷即可，不必拘泥。

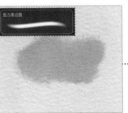

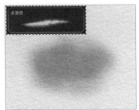

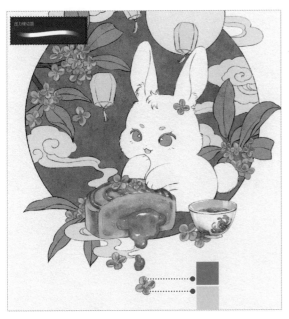

8.用"压力硬边圆"继续刻画桂花的细节，用橙红色刻画出桂花的阴影，用浅黄色绘制出桂花的亮部。

9.用"水渗流"笔刷晕染叶片，为叶片添加上蓝绿色等色彩变化，用"2B铅笔"勾勒叶脉增加叶片细节。

10.用"压力柔边圆"绘制灯笼中的橙黄色，画出柔和的光感。

11.新建图层绘制一个月亮的底色，然后再新建一个图层，插入金箔素材，并向下建立"剪辑蒙版"，就可以得到一个金色的月亮。用"压力柔边圆"绘制出兔子的粉色腮红、耳朵等。

12.选择蓝紫灰色，用"压力硬边圆"绘制灯笼和兔子身上的阴影。用"压力柔边圆"绘制出彩色的云朵。

13.新建图层用"压力柔边圆"在灯笼周围绘制出黄色的光，然后使用蓝色、紫色等邻近色给背景色增加色彩变化。

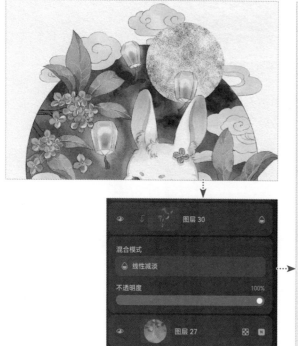

14.继续绘制灯笼旁的黄色灯光，并给兔子周围、月亮周围也加上光感，并绘制出疏密有致的四角星，然后将此图层向下对背景建立"剪辑蒙版"，并将混合模式修改为"线性减淡"，增加画面中的光感。

5.2 国潮漫画：Q版人物

除了圆润的线条，借助"绘画指引"等工具将人物绘制成两头身、三头身等比例会使人物显得更加Q萌。

绘制重点

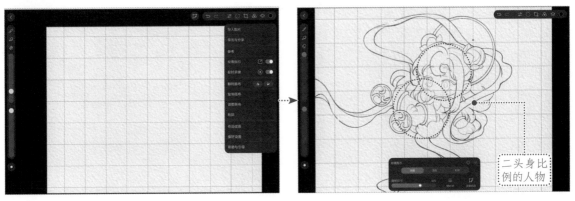

利用"绘画指引"来画出准确的人物比例，例如图中二头身的哪吒，头身所占格子的面积是基本相同的。

重点步骤

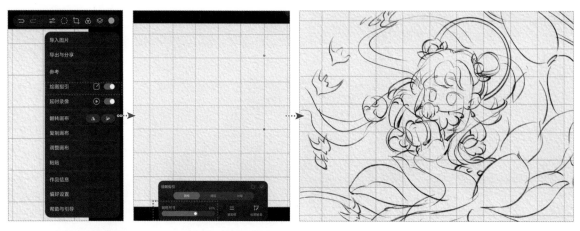

1.打开"绘画指引"，选择"网格"，将"网格尺寸"调节到合适的大小，然后新建一个草稿图层，结合网格辅助线，画出作品草稿。

2.降低草稿图层的不透明度，在草稿图层上新建一个线稿图层，选择一个勾线笔刷，勾勒出细致圆润的线稿。

3.使用拖曳上色的方法，快速为作品各部分铺上底色。

4.选择柔软的笔刷，对人物进行简单刻画，主要画出头发、腮红、红绫、乾坤圈的明暗变化。

5.绘制出莲花、藕等画面中其他部分的明暗变化。此时画面中的色彩关系基本定调完成。

6.用较硬的笔刷绘制出人物的细节变化，调小笔刷，将人物的阴影、高光绘制出来。

Tips

在进行细节刻画的时候，可以将被刻画的图层进行"阿尔法锁定"，这样颜色不容易画出界。

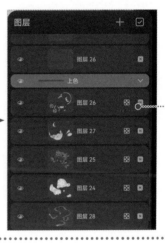

"阿尔法锁定"后的标志

7.继续刻画出人物的衣物、红绫上的细节，对画面主体进行修改细化。

8.绘制出莲花的阴影，并选择一个较细的线条笔刷勾勒出莲花纹路和莲子，增加画面细节。

9.用较细的笔刷绘制出星光，并将其进行高斯模糊，使其边缘柔和自然。

10.将绘制好的星光图层混合模式修改为"线性减淡"，光感效果更强。

Tips

绘制光感效果时使用边缘清晰柔和的笔刷可以事半功倍，如果找不到合适的笔刷，则可以选择较硬笔刷将其进行高斯模糊。

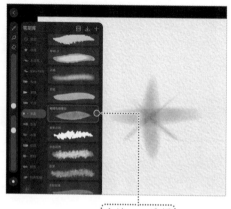

方法一：选择适合的笔刷

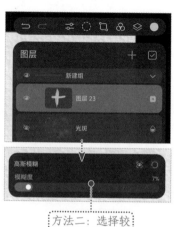

方法二：选择较硬笔刷再进行高斯模糊

5.3 国潮插画：节日主题

结合"阿尔法锁定"来对物体进行精细化上色，熟练运用"图层混合模式"来绘制出特殊的发光效果。

绘制重点

在绘制复杂画面的时候，按照上色区域分图层，这样在进行层层修改的时候，通过"阿尔法锁定"可以避免颜色画出上色区域，同时也便于修改。

重点步骤

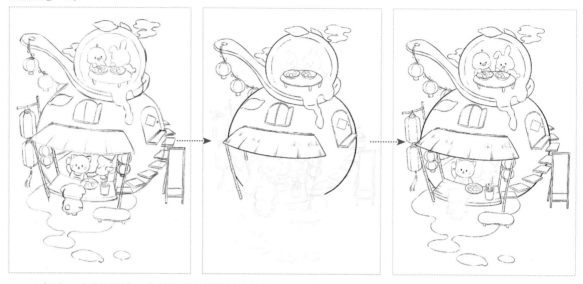

1.新建一个水彩画布，先简单画出草图并降低其不透明度，再新建线稿图层，仔细勾勒出线稿。

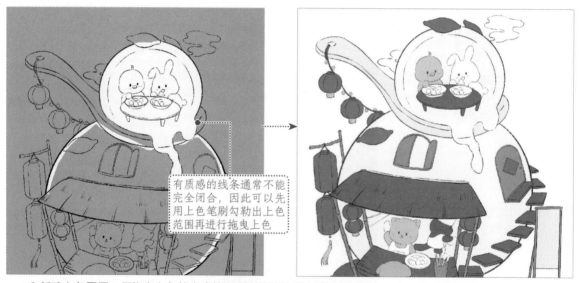

有质感的线条通常不能
完全闭合，因此可以先
用上色笔刷勾勒出上色
范围再进行拖曳上色

2.新建上色图层，用拖曳上色的方式给画面中的物体铺上底色。

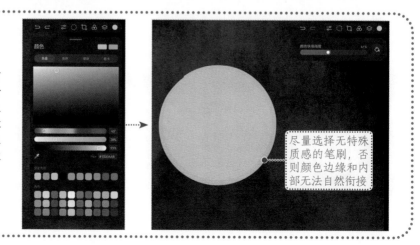

Tips

拖曳上色是速度最快的上色方式之一，在颜色面板中选中合适的颜色，直接拖曳到需要上色的区域即可，其中需要注意的是未闭合的线稿无法拖曳上色，所以需要先勾勒出色彩边缘再进行拖曳。

尽量选择无特殊
质感的笔刷，否
则颜色边缘和内
部无法自然衔接

紫色的背景和橙黄色的元宵是弱对比关系

红、橙、黄邻近色

增加的颜色以固有色的邻近色为主

3.为画面铺上合适的背景,并将背景四角加深,营造光感。在主体物上增加邻近色,使画面颜色更加丰富。

Tips

在底色图层进行"阿尔法锁定",颜色就不会涂出上色范围,画面更加平整干净。

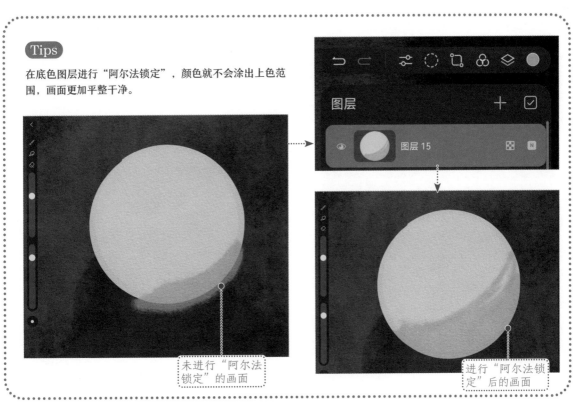

未进行"阿尔法锁定"的画面

进行"阿尔法锁定"后的画面

4.用柔和的笔刷在灯笼中心加上黄色，画出灯光。

5.选择一个边缘清晰的笔刷，画出主体物的阴影，增加上招牌文字和茅草屋顶等细节。

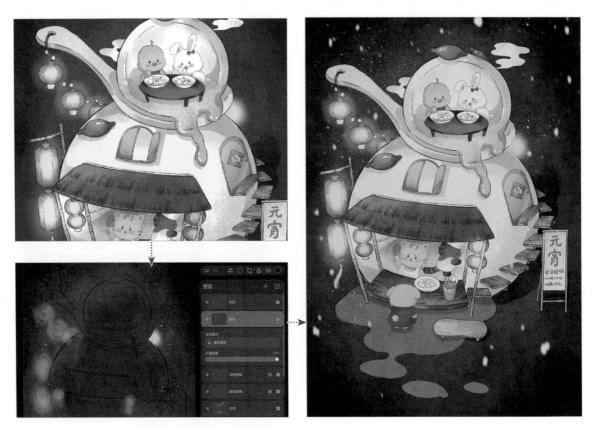

6.新建一个图层，用柔和的笔刷绘制出灯笼周围的团状光晕以及背景上白色的雪花，并将其图层混合模式修改为"线性减淡"，这样就得到了一个在雪夜里发光的元宵。

5.4 水墨：古风人像

　　利用"绘画辅助"可以绘制出左右对称的人物面部特征，结合"天生会画"自带的国风笔刷，可以模拟出工笔线条质感，使画面更加富有国风特色。

绘制重点

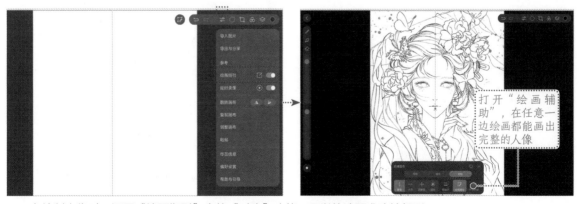

打开"绘画辅助"，在任意一边绘画都能画出完整的人像

　　在绘制人像时，运用"绘画指引"中的"对称"功能，可以快速而准确地起形。

重点步骤

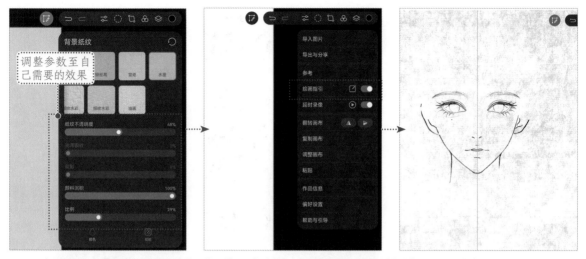

1.新建一个水墨画布，打开"绘画指引"＞"对称"，然后打开"绘画辅助"，画出对称的人物脸部。

2.画出草图并降低其不透明度，再新建线稿图层，仔细勾勒出线稿。

3.用"宿墨"笔刷选择深灰色绘制头发底色。用"压力柔边圆"笔刷绘制出人物面部底色，并在眼下、鼻头等区域画上自然的腮红。

4.用与头发相同的笔刷和颜色，调低笔刷不透明度形成"淡墨效果"，绘制人物身上的阴影。调小笔刷，对人物五官进行细节刻画。

Tips

在国画中，常常先以墨色铺出明暗关系，再进行罩染，这张作品模拟了此技法。

5.继续用淡墨画出衣物、背景等的暗部，色块边缘处借助涂抹工具进行晕染。

6.在墨色图层上新建图层，开始刻画花瓣和蝴蝶的细节。绘制花瓣时，先绘制出花瓣尖端的深色，再使用涂抹工具进行晕染衔接。绘制蝴蝶时，先晕染出蝴蝶颜色，再用白色刻画出蝴蝶的花纹细节。

Tips

对于单色渐变的物体，先绘制出深色部分，再用涂抹工具对其进行晕染。

7.为钗环铺上底色，然后用较硬的小笔刷绘制出阴影的形状，点上白色的高光。

8.继续刻画人物的耳环，并为人物眉心点上花钿。用"水墨笔痕"笔刷画出头发的暗部层次。

9.新建一个图层，绘制出衣物的颜色变化和花纹，并将其设置为"正片叠底"模式，这样一张模拟水墨效果的作品就完成了。

5.5 水墨：国风名伶

通过熟练运用"天生绘画"自带的水墨风笔刷，可以轻松绘制出墨点、晕染、书法等国风元素的作品。

绘制重点

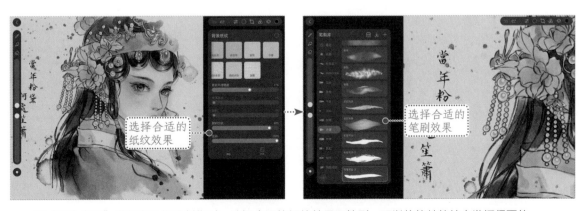

用"天生会画"进行古风作品创作时，选择合适的纸纹效果和笔刷，可以将软件的特点发挥得更佳。

重点步骤

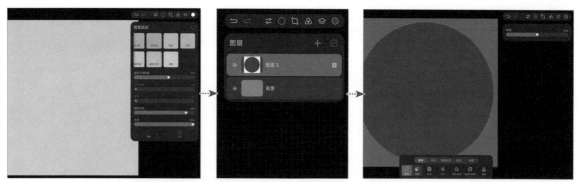

1.新建一个正方形水墨画布，点击"背景"，将纸纹调整到合适的效果。然后新建一个图层填充为白色，画出一个黑色正圆并用选区工具选中圆形。

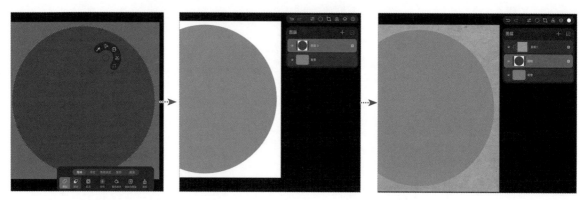

2.点击工具环将圆形剪切下来，然后在白色图层上添加一个"剪辑蒙版"并导入一张宣纸素材，就得到了镂空宣卡纸的效果。

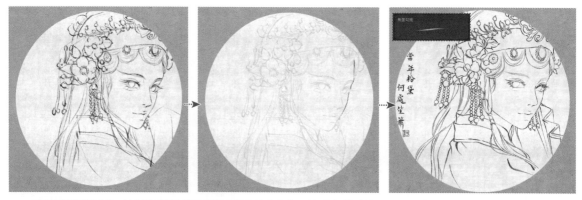

3.新建草稿图层，绘制出草图并降低此图层不透明度，然后在草稿图层上再次新建一个线稿图层，选择"焦墨勾线"笔刷对其细细勾勒，画出白描效果。

4.新建上色图层，开始绘制人物面部。先用较软的笔刷铺出面部腮红、口红和眉眼等底色，然后更换较硬的笔刷继续细化面部细节和阴影，并用涂抹工具对颜色边缘进行晕染衔接。

5.选择"墨染"笔刷对人物的衣物和头发进行铺色，铺色时调低笔刷不透明度，模拟水墨淡墨效果。用"毛笔书法-3"笔刷题上文字。

6.铺出人物头花的颜色，并继续深化人物面部细节，点出眼睛高光。

7.继续画出头饰的底色并简单铺出明暗变化，用"水墨笔痕"笔刷画出头发的暗部阴影，增强质感。

8.继续深化头饰细节，点出高光，画出珍珠的质感，并在完成图上点缀随机的墨点，增强画面手绘感。

Tips

绘制珍珠质感的时候，先勾勒出正圆形，然后用笔刷画出上深下浅的底色，最后用硬笔刷在深色处点上高光即可。

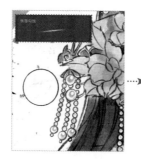

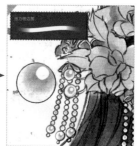

5.6 水墨：清雅少年

除了上面学到的勾线、上色等基础技法，还可以利用"剪辑蒙版"等进阶工具来制作出独具中国风的圆形构图。

绘制重点

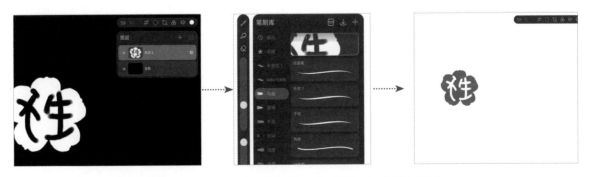

绘制出独一无二的印章图案，然后将其添加到笔刷中，之后创作时可以随时调用。

重点步骤

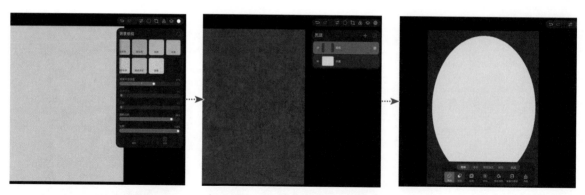

1.新建一个长方形水墨画布，点击"背景"，将纸纹调整到合适的效果。然后新建一个图层填充为灰色，并用选区工具抠出椭圆形的画芯。

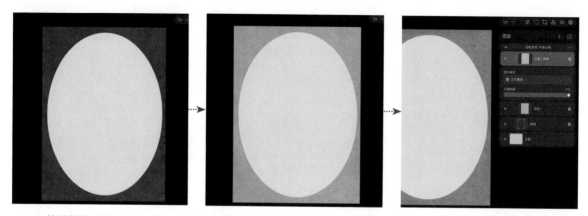

2.将画框填充为白色，在上方添加"剪辑蒙版"并置入一张蓝色的宣纸素材，再在蓝色剪辑蒙版图层上再添加一层"剪辑蒙版"，将其颜色填充为黄色，混合模式调整为"正片叠底"，以此降低画框颜色的饱和度。

3.新建草稿图层，绘制出草图并降低此图层不透明度，然后在草稿图层上再次新建一个线稿图层，选择"焦墨勾线"笔刷对其细细勾勒，画出白描效果。用"毛笔书法-3"题上文字。

边缘处混合淡蓝色与背景框相呼应

4.新建上色图层,用"压力柔边圆"笔刷绘制人物面部的红晕与阴影。

5.用"墨染"笔刷绘制出人物头发的明暗变化。

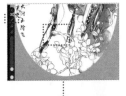

Tips

先用画笔工具绘制出深色部分,再用涂抹工具对浅色部分进行晕染衔接,就能画出渐变效果。

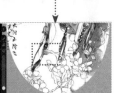

6.用"墨染"笔刷晕染出衣物和植物的颜色。

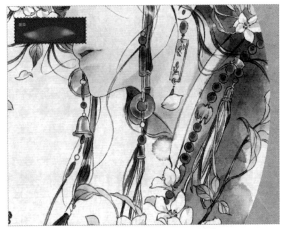

7.调小笔刷继续深入刻画人物面部细节,色彩边缘处用涂抹工具进行衔接。

8.开始刻画人物服饰,画出环佩和璎珞的底色,并且画出花卉的暗部颜色以及花蕊。

9.深入刻画服饰细节，将玉石和珠串点上高光。加上红色印章落款。

10.用"碎粒"笔刷调整大合适的大小，点上白色小点，这张作品就完成了。

Tips

红色印章是中国独有的书画作品落款方式，结合上一章讲到的自制印章的方法，在利用"天生会画"创作古风水墨作品的时候，可以适当添加自制的印章充当落款。

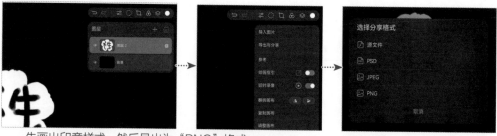

先画出印章样式，然后导出为"PNG"格式。

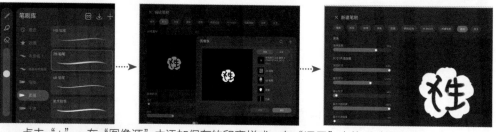

点击"+"，在"图像源"中添加保存的印章样式，在"通用"中将尺寸调大。

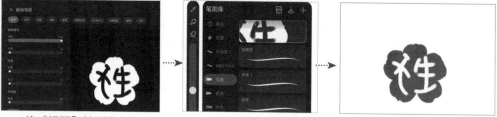

将"间距"拉到最高值，点击保存，此时再回到笔刷库就可以调用出印章笔刷了。

5.7 古风水彩：唯美风景

利用"天生会画"自带的国风纸纹，结合自带的水彩笔刷，可以晕染出极具氛围感的唯美水彩风景。

绘制重点

用"线性减淡"塑造光感

用"高斯模糊"塑造朦胧的氛围

通过"混合模式"和"滤镜"等进阶工具来塑造画面氛围感。

重点步骤

通过"阿尔法锁定"可以改线稿颜色

1.新建一个水彩画布，新建草稿图层绘制出草图并降低此图层不透明度，然后在草稿图层上再次新建一个线稿图层，选择"2B 铅笔"笔刷对其进行勾线。

2.新建上色图层，铺出画面底色。

3.选择合适的笔刷，画出衣物的褶皱和颜色明暗变化。

Tips

透明薄纱的暗部通过用透明底较低的蓝紫色，亮部通常用浅黄色，冷暖对比，画面显得更加清透。

4.画出荷花花瓣的渐变效果，并且绘制出小舟的颜色。

5.绘制出荷花花蕊，选择淡蓝紫色绘制出荷花花瓣的暗部阴影。

颜色以粉色和白色为主

6.选择较细的笔刷，勾勒出荷花的花瓣纹理；调大笔刷，绘制出荷叶的色彩明暗变化。

7.选择墨绿色绘制出荷叶的反面。

颜色以墨绿和浅黄为主

8.选择较细的笔刷，绘制出荷叶的脉络。

9.选择合适的笔刷绘制天空和远山，颜色边缘用涂抹工具进行衔接晕染。

根据画面效果调整涟漪等细节

10.画出中景处楼阁的色彩明暗关系。调整画面，由于"近实远虚"的透视原则，远、中景细节要少。

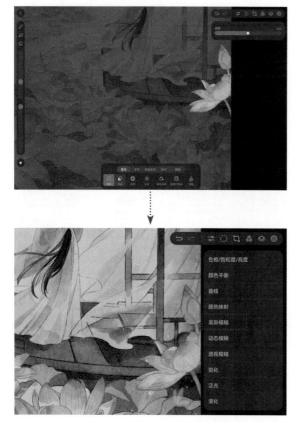

11.将画面边缘的荷花进行高斯模糊来衬托画面中心。

12.分别新建图层绘制光斑、水雾、蝴蝶等，并将其混合模式修改为"线性减淡"，表现出光感。